"물 공부 좀 하자!"

먹는 물

양한수 지음

맑은샘

“아는 것과 모르는 것에는 차이가 없다.
하지만 그로 인한 행동에서 나타나는 결과에는
크고 작은 차이가 발생한다.”

그 결과를 위해서 물 공부 좀 하자!

왜 먹는 물인가?
먹는 물이 건강을 좌우한다고 믿는다.
맞는 말이다.
하지만 믿는 만큼 물에 관한 지식이 없다.
대부분 왜자간희(矮者看戱) 수준이다.

자문해보라!
건강을 위해 먹는 ‘물’,
얼마나 알고 있는가를!
카더라 수준? 전문가 수준?
먹는 물, 대단히 중요한 사실이 있다.
건강에 자유로운 사람은 아무도 없다.
세계보건기구(WHO)에서 발표한 질병 80%의 원인 역시
물 때문이라는 사실을 곧 알게 된다.

내가 원하고 바라던 건강 지침서
먹는 물, 초순수 이야기가 시작된다.

책을 내면서

나는 건강하게 살고 싶은데. 죽자사자 운동도 하고 좋다는 것은 마다 않고 먹었지만, 돌아보니 약봉지와 더불어 힘들게 살고 있더라. 질병에 자유로운 사람은 없다는데, 내가 원하지 않은 질병은 무엇이고, 왜, 어디서 오는가! 질병은 몸의 이상 증세이고, 사회적, 환경적, 정신적 등 여러 이유로 오지만, 제일 큰 원인은 '먹는 물이 깨끗하지 못하기 때문'이라고 하면 웃을 것인가! 아니면 '감히 먹는 물이 깨끗하지 못하다고 하다니, 여기는 금수강산 대한민국이야! 정신 차려, 이 친구야!' 라고 반박할지도 모르지만, 알 듯 모를 듯한 상태에서 생각의 기회를 가져본다.

우리가 먹는 물은 일반 개념(눈)으로 깨끗한 것은 맞지만, 학술적, 생체 이론을 대입하면 안전 면에서 좀 부족한 것이 사실이다. 우리는 그것을 의식하지 못하기 때문에 어제도, 오늘도 마음 편히 마신다. 모르는 것이 약이라는 말도 있지만, 혹자는 '좀 부족하면 어때' 하는 것이 문제다. 개미구멍이 천길 댐을 무너뜨린다는 말과 같이, 먹는 물의 작은 이물질 하나를 대수롭지 않게 생각했던 것이 모이고 쌓여, 각종 결석(크고 작은 질병)이 되어 몸을 힘들게 한다. 그러다 어느 날 갑자기 살려주세요! 하며 밤새 안녕하는 사례도 많다. 깨끗한 물이라고 안심하고 있는 중에서 말이다.

알고 모름에서, 카더라와 전문가의 차이에서 건강이 좌우된다. 중요한 건강 문제, 지금부터 확실하게 알아본다.

먹는 물, 법적 수질 기준부터 알아보자.

먹는 물 수질 기준은 나라마다, 지방마다 조금씩 다르기는 하지만 대체로 약 60여 가지다. 모두 사람이 먹으면 안 되는 것들이다. 고도 정수 기술에도 불구하고, 완전제거 불가로 한계를 정해놓은 조건부 물질이다.

칼슘, 마그네슘, 망간, 페놀, 질소, 철, 염소, 불소, 하물며 농약까지, 우수기 갈수기에 들쑥날쑥하다. 정수 기술 한계를 적용하여 0.001m~1.0ml 사이를 허용하지만, 유독 경도의 경우 300ml 까지 허용하고 있다. (경도 300은 경수 수준) 정수 기술의 한계로 어쩔 수 없이 허용할 수밖에 없는 이물질 찌꺼기들이다. 하지만 우리는 그것을 기분 좋게 먹고 있다. 아는지 모르는지 카더라 수준에서!

나는 깨끗한 물이라고 믿고 먹는데, 이물질 찌꺼기라니. 그래서 물 공부 좀 해보자! 그러면 확실하게 알 수 있다.

카더라에서 전문가 수준으로!

'먹는 물은 무조건 깨끗해야 한다'는 것은 진리이다. 먹는 물에 법적 수질 기준에 속하는 물질이 조금이라도 들어있으면 깨끗한 물이 아니다. 특히 영양이 된다는 미네랄, 즉 경도(硬度)라고 하는 칼슘, 마그네슘은 먹으면 안 되는 이유는 물 공부 좀 해보면 확실하게 알게 된다.

세상에서 제일 깨끗한 물은 빗물이다.

청정 하늘에서 내리는, 태초, 수천 년 인류가 먹었던 빗물, 그 빗물이 세상에서 가장 깨끗한 물이기에 우리 조상님들은 그 물을 먹고 오늘날 같은 악성 질병 없이 건강하게 살았다.

빗물은 땅에서 증발하였던 물이기에 증류수라고도 한다. 증류수에는 이물질도 찌꺼기도, 미네랄도 없다.

여기서 혹자는 미네랄은요? 할 것이다.

본서의 핵심 주제가 미네랄이기 때문에 '미네랄이 과연 무엇인가?', '미네랄은 영양인가, 독(毒)인가!', '영양이면 몸에 무슨 일을 하고, 독이면 무슨 문제가 있는가?', '먹을 수 있는 미네랄과 먹으면 안 되는 미네랄이 있다는데, 먹을 수 없는 미네랄은 무엇이고 왜 이물질 찌꺼기라고 하는가' 등 지금까지 베일에 싸인 미네랄의 실체를 세계 최초로 조목조목 밝히고 통찰한다.

우리는 건강제일부(健康第一富)라고 한다.

그룹 총수님들은 수백, 수천만 원 산삼, 몸에 좋다는 건강 보약 식을 많이도 드시지만 의사, 박사, 교수, 운동선수도 못지않게 건강이라면 물불 가리지 않는다. 하지만 모두 질병에 자유롭지 못한 것이 사실이다. 무엇이 문제인가? 물 공부를 좀 해보면 학식 많은 이들이 몰랐던 답을 알게 된다.

불로불사가 인간의 소망이라면 생로병사는 숙명이다.

영원히 늙지 않는 비결은 세상 어디에도 없지만, 우리는 불로불사가 아니더라도 생로병사의 틀에서 조금이라도 비켜 가고 싶은 바람에서 육신의 평안을 노래하고, 건강 정도를 저울질하고 있지는 않을까! 젊음이 희망이기에, 젊음을 위하여 자신의 몸을 쳐서 돌봄이 과정을 운동이라 하지만 이마저도 소홀히 하는 경향이 많다. 마음은 간절하지만 몸이 따라주지 않는다. 사람들은 자신에 관해서는 좀처럼 잘 모르기 때문에 건강한데도 죽어가는 듯, 죽어가고 있는데도 건강하다고 생각들을 잘한다. 그래서 때늦은 후회를 잘한다.

먹는 '물' 전문가로 가는 길목에서 건강 100세 시대!

먹는 물이 건강에 얼마나 중요한 위치에 있는가를 생각하면, 이제까지 먹는 물 유사 책들은 많았지만, 사실은 먹는 물에 관한 지식은 무지했다는 것을 알게 된다. 그래서 사람들에게 자신의 건강을 위해 선택한 물, 얼마나 알고 있는가를 물었지만 대답하지 못했다. 지금 이 순간 독자께서도 자신의 건강을 위해 먹는 물, 얼마나 알고 있는가를 자문해 보시기 바란다. 아마도 없을 것이다. 뭐지, 뭐야, 기껏해야 대기업, 브랜드, 신제품, 디자인, 미네랄 등일 것이다. 미네랄이 무엇인지도 모르면서 미네랄, 미네랄 한다.

세계적으로 물에 관한 유사 책들은 많지만, 막상 어떤 물을 먹으라고 알려 주는 책은 없었다. 오래전 미국의 폴씨 브래그 의학박사께서 증류수가 최상임을 밝힌 것을 제외하면 아직 누구도 알려주지 않았다. 하루에 몇 리터, 몇 시에, 몇 잔을, 어떻게 먹으라고만 한다. 물을 약 먹듯이 먹을 수 있나, 모두 틀에 박힌, 실행할 수 없는 잘못된 카더라 식이다.

본서는 증류수를 능가하는 초순수를 먹는 물로 강조한다.

그리고 먹는 물 세계 표준과 기준을 제시하고, 미네랄의 실체, 미네랄이 영양인지 독(毒)인지 밝히며, 먹는 물의 칼슘은 경도라는 사실에서 발생하는 각종 문제들을 통찰한다.

인간은 누구나 자신뿐만 아니라 사랑하는 가족까지 행복 위하여 열심히 노력한다. 하지만 잘 안 된다. 잡힐 듯 쉬이 잡히지 않는 신기루 같은 존재여서일까? 행복의 발목을 잡는 것이 질병이라면 질병을 다스릴 수 있는 방법은 건강이고, 건강이 유일한 방법이면 건강한 몸을 만들면 된다. 하지만 잘 안 된다. 노력해도 잘 안 된다. 죽자사자 사력(死力)을 다해도 잘 안 되더라. 문제가 무엇인가?

문제가 있으면 답도 있어야 하는 것이 세상 이치고 법칙이다. 길을 모르면 물어야 하고, 물어도 모르면 지침서나 지도 한 장쯤은 있어야 한다. 대충 카더라 식은 곤란하다.

지금까지는 그런 카더라 식으로 해결해왔다. 누가 뭐라고 해도 그러했다. 먹는 물 전문가, 전문 서적이 없었기 때문이다. 그래서 모두 왜자간희(矮者看戱) 카더라 수준이더라.

카더라 수준으로 건강을 보장받을 수 있겠나!

건강의 조건은 여러 가지 있지만 누구도 부인할 수 없는 첫째 조건은 먹는 물이 아닌가 한다. 우리는 지금까지 물에 대한 지침서 한 장 없이 깨끗한 물, 좋은 물, 건강한 물을 찾아 하이에나처럼 이리저리 찾아 헤매고 있었다.

세상 이치가 모두 그러하지만 그래도 내가 먹는 물만큼은 확실한 이유가 성립되어야 하지 않을까 한다. 기승전결에 의한 확실한 이유, 방향 제시를 해주거나, 목적지를 콕 집어 줄 수 있는 건강 지침서 지도 한 장쯤은 있어야 한다. 이유와 논리를 중요시하는 현대인이라면 말이다.

본서는 우리가 그토록 건강을 위해 먹는 물의 지표를 세계 최초로 길목마다 꽂아 제시한다. 먹는 물이 건강을 좌우한다는 행복의 인프라, 건강의 초석, 교량 역할을 하는 여러 전문 종사자들과 조심스럽게 접근한다. 의학의 새로운 패러다임, 통합의학, 홀론의학과 더불어 현대의학, 한의학, 대체의학, 자연의학, 심리학까지, 그리고 세계적으로 이름 있는 분들의 건강 조언을 참고하고, 더욱 중요한 사실은 수년 동안 먹는 물 초순수 경험자분들의 살아있는 사례들을 통해 우리가 진정으로 원하는 건강 지침서가 될 보다 새롭고 광범위한 지식을 통해 행복의 씨앗을 뿌리고 물을 주어 충실한 결실을 보고자 함이다. 먹는 물이 중요하기에, 카더라 식이 아닌 전문가 수준에서 원칙의 잣대로 내가 알고 있는 지식이 맞는지를 가름해 보고, 맞다면 그토록 원하는 건강에 도움이 될 것이다. 돈으로 환산할 수 없는 가치를 저울질해 볼 수 있는 기회로 여겨질 것이다.

WHO, FDA, WQA, EPA에서 증류수(태초의 빗물)가 가장 안전한 물이라고 선언하였지만, 그보다 더 깨끗하고 안전한 물이 초순수라는 사실을 본서에서 세계 최초로 알리게 됨을 기쁘게 생각한다. 초순수가 어떻게 안전하고 왜 좋은지, 깨끗한 몸은 깨끗한 물이 만든다는 사실과 이물질 찌꺼기가 있는 물은 절대로 깨끗한 몸을 만들 수 없다는 진리를 '건강 지침서 물 공부'에서 알게 된다. 우리는 그토록 건강을 위해 사력을 다해도 잘 안 된 이유를 알게 된다.

본서는 후반으로 갈수록 새로운 정보와 흥미를 더한다.

추천의 글을 써주신

전세일(全世一) 박사 이분의 약력은!

한의사이시며 의사인 아버지의 영향으로 의학, 특히 전통 의학에 깊은 관심을 갖게 되었으며 연세 의대 졸업, 군의관으로 복무 미국 필라델피아 센트 아그네스 병원에서 근무 가정 의학을 전공했다.

또 펜실베니아 의과대학에서 재활의학 전문의로 여러 병원장, 교수 등을 역임했고, 서양의학과 동양의학에 대체의학까지, 의술을 통합해 현재 제주도에서 1조 원이 투자된 새로운 패러다임의 세계통합 의학과 홀론의학 창시 진행 중이다.

국내 최초 연세의대 한의학 정규강좌 개설과 차의과대학교에 대체 의학 대학원을 설립했고 대체 의학자들을 양성했으며, 예방을 중심으로 하는 세계 최초 최대 미래형 통합의학 건강센터를 설립, 보완한 대체의학의 대부이자 세계 자연 치유 연맹을 이끌고 있는 학자이다.

KBS '명의와의 대담'에서 대체의학의 세계적인 권위자로 소개되었고, 세계 인명록에 10여 차례 수록된 바 있다. 대체의학 등 40여 편의 서적과 120여 편의 논문을 발표했다.

출처: 연세대학 재활의학 교수 박은숙

책을 더욱 빛내 주신 분들

[제3부 통합 대체의학 – 류덕호/운강 편]

류덕호/운강

부산광역시 의료원 임상노화 연구소 전 고문 | 홀론의학 대체의학 사상가 | 삼성 신약 회장 | LCM 사이언스그룹 부회장 | 사단법인 다문화 지구촌 센터 상임회장 | FDA 등록 검사 아시아 본부 전 회장 | IBN 한국방송 초대 회장 | 수기 엔텍 상임기술고문 | ㈜현대광학 회장 | 현대 안경 원장

[제2부 한의학으로 본 물 – 정영훈 한의사 편]

정영훈 한의사

경기도 분당 도원 한의원 원장

[추천의 글]

천성문 현직 교수

부경대학교 전 한국 상담학회장

[추천의 글]

박차서 회장

삼성네이처메이드(신약)회장

추천의 글

| 전세일 박사 |

우주는 '없음'(있는 것이 아무것도 없는 상태, 無虛)에서 '있음'(없는 것이 모두 다 있는 상태, 一有)으로, 그리고 다시 있음에서 없음으로 되풀어 이어지는 영원무궁 속 변화과정으로 존재한다. 없음의 혼돈(Chaos, 混沌)과 있음의 질서(Cosmos, 秩序)의 되풀이 이어짐이다.

'있음'은 물질과 비물질 상태로 존재하며, 각각 나름대로의 성질을 지닌다. 비물질의 성질이 성(性)이며 물질의 성질이 질(質)이다. '性의 있음'이 존(存)이고 '質의 있음'이 재(在)이다. 전통의학은 성(性) 중심이라 심성(心性), 음성, 양성, 급성, 만성, 양성, 악성을 주로 다루며 현대의학은 질(質) 중심이라. 체질(體質), 단백질, 지방질, 당질, 섬유질, 광물질을 주로 다룬다. 물질의 시작 즉 첫 번째 원소는 수소이고 우주물질의 대부분은 수소이다. 수소는 물의 기본 바탕이며 물은 생명의 기본 바탕이다. 삼라만상은 결코 정적인 상태로 머물러 있음이 없고 끊임없이 움직이는 동적 변화 과정에 놓여 있다. 변화는 우주의 정상 성질인 조화(調和, harmony)를 추구하는 방향으로 움직이며, 이 방향은 다음의 5가지 힘에 의해 결정된다.

분리(分離, 떨어져 헤어짐)의 힘,

결합(結合, 붙어 합침)의 힘,

응집(凝集, 모여 엉킴)의 힘,

해산(解散, 풀어 흩어짐)의 힘,

조직(組織, 짜여 꾸밈, Self Organizing Force)의 힘.

우주 생성 명멸의 리듬을 ①태극설, ②음양설, ③삼분설, ④사상설, ⑤오행설, ⑥육합설, ⑦칠요설, ⑧팔괘설, ⑨구궁설 의 원리로 이해되며 생명체의 발생은 항상성의 본질인 동적이면서 정적인 5와 정적이면서 동적인 6의 상호 자극-반응 변화 원리로 설명된다. 뜨거워 떼 내어 퍼지게 하는 불의 상징(火)과 자연스럽게 떨어진 것을 받아 흡수하는 땅의 상징(土)과 다양한 성질이 뒤엉켜 새로운 성질을 만들어 내는 광물질의 상징(金)과 스스로 끌어안고 좋고 나쁨을 가리는 순수 안정의 상징(水)과 자기조직의 힘을 바탕으로 자기 영위를 지켜내는 생명의 상징(木) – 바로 이 다섯 가지 상징이 화, 토, 금, 수, 목(火, 土, 金, 水, 木)의 전통 오행설의 바탕이다.

그리고 이것이 인체 생리 기능의 바탕이며 생물의 기본 성분인 물의 순환 성질의 바탕이기도 하다.

물은 불(火)의 뜨거운 기운을 받으면 증발하여 기체가 되어 높이 올라 구름이 되고, 식어서 뭉쳐 무거워지면 비가 되어 땅(土)에 떨어져 퍼지며 흡수된다. 땅속으로 흡수된 물은 그 안에 섞여 있는 온갖 광물질(金)과 엉켜 녹아 광속 물이 되고, 이렇게 마구 섞인 진흙탕 물은 땅의 필터층을 거쳐 생물에게 유익한 생수(水)가 되어 샘솟아 오른다. 이러한 생수가 생명체(木)에 흡수되어 생명활동에 참여한다.

사람의 몸은 신진대사와 항상성(자연 치유력)을 유지하기 위하여 물의 특수 성질인 기력 순환 확산 기능(火, 심장), 기력 흡수 저장 기능(土, 위장), 기력 생산 제거 기능(金, 호흡), 기력 순수 정화 기능(水, 콩팥), 기력 대사 활용 기능(木, 간)을 필요로 한다.

우주 만물은 다섯 가지 상태로 존재한다. 고체, 액체, 기체, 그리고 플라즈마와 보스아인스타인 응축이 그것이다. 플라즈마는 기체 이상의 초기체 상태인데 불꽃과 같은 상태이며 우주안의 물질은 플라즈마 상태로 제일 많이 존재한다. 보스아인스타인 응축은 절대온도에 이르는 차가움의 극한에서 생기는 특별한 성질을 띤 초고체 응축이다. 이 모든 상태로 존재 가능한 유일한 물질이 물이다.

이렇듯 물은 아주 특별한 물질이다. 물은 수소에서 생기며 수소는 우주에서 첫 번째로 생긴 원소이며 우주 안에 제일 많이 존재하는 원소이다. 물은 생체의 기본 바탕 물질이다. 물이 없으면 생명은 존재할 수 없다. 생체는 기력(氣力)을 흡수(吸收)하고, 순환(循環)하고, 정화(淨化)하고, 활용(活用)하고 제거(除去)하는 기능을 지닌 조직체(組織體)인데 물이 그 기능을 담당한다.

물은 이처럼 생명활동에 가장 중요한 요소일 뿐만 아니라 인간의 일상생활 전반, 문화, 역사, 정치, 경제, 문학, 과학, 종교 그리고 모든 창조적 파괴적 변화와 밀접한 관계가 있기 때문에 물에 관한 일반인이나 전문가들이 지니는 견해나, 경험, 철학, 연구 등은 나름대로의 높은 평가와 존중을 받아 마땅하다. 많은 전문가들은 오래지 않아 인류는 물 부족 상태에 직면하게 될 것이라고 경고하고 있다.

지구의 3분의 2를 덮고 있는 것이 물인데, 물이 부족한 시대가 곧 다가오리라는 염려의 목소리이다. 이것은 그냥 물은 많이 있어도 생체를 영양하는 생명수가 점차 줄어들고 있다는 뜻이다. 지구가 품고 있는 물의 총량은 줄어들지 않는다. 다만 사람들의 무분별한 물의 오염으로 먹고 마실 수 있는 물의 양이 줄어들고 있다는 말이다.

우주 만물 중에 가장 많고 가장 다양한 성질을 지닐 수 있는 물질이 물이다. 가장 많은 것을 자기 속에 녹여 가장 다양한 성질을 지니게 하는 물질이 바로 물이기 때문이다. '어떠한 물이 가장 좋은가'라는 단문에는 '이러한 물이 가장 좋다'라는 단 답이 있을 수 없다. 좋은 물이란 그 용도와 상황에 따라 다르기 때문이다. 그러나 가장 순수한 물일수록 가장 다양한 물질을 껴안고 녹여, 가장 다양한 성질을 나타낼 가능성과 잠재력이 가장 높은 것도 사실이다. 이것이 순수한 물에 대하여 많은 관심을 갖고, 공부하고, 배우고, 체험하고, 응용하고, 연구해야 하는 가장 중요한 이유라 할 수 있다.

| 천성문 부경대학교 교수 |

살다 보면, 어느 순간 내 몸이 내 몸이 아닌 것처럼 느껴질 때가 있다. 분명 내 몸인데 내 뜻대로 움직여지지 않아 난감해진다. 마음도 그러하다. 내 마음인데도 내가 지금 무엇을 어떻게 느끼고 있는지 모를 때가 있다. "지금 어때요?" 라고 물으면 "모르겠어요. 그냥 멍하고 어떤 감정인지 모르겠어요. 답답하기만 해요." 몸은 마음이 담긴 그릇과도 같다. 마음을 담는 그릇인 몸이 편안하지 않으면 마음도 편치 않게 되고, 마음이 건강하지 않으면 마음을 담고 있는 그릇도 예뻐 보이지 않게 된다. 그래서 몸과 마음이 건강하게 조화를 이루어야 사람들이 추구하는 행복한 상태에 이르게 된다.

노자사상에서 상선약수(上善若水)라는 말이 있다. "지극히 착한 것은 마치 물과 같다." 그래서 우리는 깨끗한 물을 원한다. 깨끗한 물 하면 양한수 선생님을 빼놓을 수 없다. 그동안 이분을 여러 차례 만나면서 물에 관한 설명을 듣고, 그동안 내가 알고 있던 지식이 잘못되었다는 것을 알게 되었다. 논리가 과학에 근거한 사실로 증명된 것이 초순수라는 물이고. 초순수가 진정 우리가 먹어야 할 물이라는 사실을 확신하게 되어 추천사를 쓰게 되었다.

| 박차서/삼성네이처메이드(신약) 회장 |

인간은 누구나 할 것 없이 건강을 원한다. 건강한 몸도 중요하지만 건강한 삶, 건강한 정신도 못지않게 중요한 것은 일반이다. 건강 100세라고 하지만 누구나 건강에 문제를 가지고 있는 것 또한 사실이다. 사람이 행동하는 동기는 이익에 지배를 받는다고 한다. 이익이란 홍익, 이타심에 의한 나와 가족 그리고 모든 사람의 건강을 우선으로 생각하는 이익이다. 이것이 제약 인으로서 사명이라고 생각하며 살아왔지만, 아직도 모르는 것이 많다는 것 또한 부인할 수 없다.

보다 나은 건강을 위한 약 만들기 노력은 계속 하지만 한계가 있음을 느낀다. 물은 곧 생명이라는 말에서 제약의 기본도 깨끗한 물이다. 하지만 양한수 작가님의 『물 공부 좀 하자』 원고를 보고 충격을 받은 것은 지금까지 생각지도 못한 초순수라는 먹는 물이 과학, 의학, 그리고 여러 전문가님들이 인정하고 증명된 사실에서 세계적인 이슈가 될 것에 공감, 초순수가 대한민국을 넘어 세계적인 프로젝트로 발전을 기원하지만 저의 입장에서는 초순수가 더 나은 약을 만들 수 있다는 확신으로 저희 회사부터 초순수를 사용하기로 결정, 장비를 설치하여 사용하고 있다. 더불어 초순수는 저희 제약뿐만 아니고 먹고 마시는 물로도 최상의 물로 생각하여 이를 추천사를 쓰게 되었다.

| 목차 |

제1부

물 공부 좀 하자

제1장 먹는 물 이해

제13장 먹는 물과 질병들

제14장 약도 치료 방법도 없는 감기에 대하여!

제2부

한의학으로 본 물

【정영훈 한의사 편】

제3부

통합 대체의학

【류덕호/운강 편】

제1부

물 공부 좀 하자

제1장 | 먹는 물 이해

저자 소개

필자의 이름은 양한수(楊漢洙), 버들 양(楊), 큰물 한(漢), 물가 수(洙)를 쓴다. 물을 좋아하는 버들이 큰 물가에 있다는 뜻이다. 아버지께서 낚시하던 중 태어났다고 지은 이름이다. 이름을 보고 한문학을 전공한 지인 왈, "당신은 물에서 큰일 한번 낼 사람"이라고 한다. 지나치는 농담이지만, 지나온 인생을 돌아보면 결코 농담만은 아닌 것 같다.

필자는 물과 함께 인생을 살았다. 군 수병으로, 항만청 바닷길 지도 제작팀으로, 현해탄에서, 그리고 25년 수처리(水器) 전문 회사를 경영하면서 공장에서 필요로 하는 용수(用水)를 설계, 제작, 먹을 수 없는 강물을 먹는 물로 담수화(B/W) 수기(水器), 해수 담수화(S/W), 염색용수, 식품 용수, 제약용수 등과 반도체, LNG, 원자력에 필수조건인 초순수(超純水) 생산 장비 설계 제작, 연구 개발 일일 일만 오천 톤 공장용수, 생활용수, 농진청 물 강의 및 공동연구, 특허등록, 군부대 순수장비 납품 및 강의, 공장 폐수처리 필터 무교환(無交換)

발명 특허, 여수산업단지 폐수재활용 380억 국가지원 사업 기술고문, S 실업 삼척 해양심층수 650억 기술고문으로 있었다.

90년 초만 해도 초순수(超洵水)제조 기술은 미국에서는 앞선 기술이었지만, 한국에서는 생소한 기술이었다. 이러한 점에서 국내 언론사 조선, 중앙, 동아, 매일, 한국경제 신문과 조선일보에서 발행하는 해외 잡지에 필자의 이름과 함께 초순수 기술이 소개되었다. 당시 한국에서는 초순수에 대한 개념도 생소했던 시절, '먹는 물은 증류수가 좋다'는 미국의 의학박사 폴씨 브래그의 글을 읽고, 먹는 물의 중요성을 새삼 깨닫게 되었다.

필자는 당시 증류수보다 더 깨끗한 물, 초순수를 마시는 생활을 했다. 미국의 증류수 보급 전도사인 폴씨 브래그 의학박사는 당시 박사, 의사, 교수, 하물며 정수기 전문 종사자들도 쉬이 접해보지 못한 초순수를 마신 세계 최초의 사람일 것으로 생각된다. 지금은 어느 정도 알려진 물이지만, 당시 초순수를 마신다는 것은 앞선 사고(思考)가 아니면 엄두를 못 냈다. 흥미 있는 것은, 오늘날 지식으로 깨어 있어야 하는 일부 엘리트들마저도 초순수를 마시면 안 된다. 설사를 한다고 한다.

정주영 회장님 말씀 "해봤어? 먹어봤어? 해보고 말해."

초순수는 첨단과학기술과 동행, 발전, 상생기술로 공생하고 있다. 반도체, 원자력 등은 초순수가 아니면 생산도, 운전도 불가능하고,

병원 신장투석, 제약회사, 링거, 주사용액도 순수, 초순수가 아니면 불가하다는 것을 생각해보면, 링거나 주사용액이 몸에 들어가는 것은 일반이지만 입으로 들어가는 것과 혈관에 들어가는 것은 차원이 다르다. 입으로 들어가는 것은 이물질 찌꺼기가 있어도 장에서 잘 처리하지만, 링거나 주사액은 혈관에 들어가기 때문에 입으로 들어가는 것과 혈관으로 들어가는 것은 깨끗함의 차원이 다르다.

초순수는 연구실 실험실에도 절대적이지만, 마시는 물로도 최상의 물로 대접을 받아야 한다. 초순수, 다른 모든 물과 달리 먹는 물로서 최상최고가 아닐 수 없는 이유가 단 한 가지도 없다. 약봉지와 더불어 살지만 약봉지를 버릴 수 없는 진퇴양난이 현실이다. 초순수가 첨단 과학을 살리듯이 이제는 사람도 살리고 있다는 사실을 본서를 통해 알게 된다.

미국 같은 선진사회는 수십 년 전부터 폴씨 브래그 의학박사의 증류수 보급 운동으로 증류수 사용이 급속하게 늘어가고 있지만, 우리 대한민국은 필자의 발상의 전환에서 증류수보다 더 깨끗한 초순수를 창시, 먹는 물로 개발, 미국 같은 선진국을 앞서가는 사회가 될 것이다. 약봉지와 더불어 사는 세상에서 약봉지를 멀리하는 것은 먹는 물 전문가가 되는 길이다.

저자 드림

초순수 장비 사진 소개

필자가 설계, 제작한 수기 장비들	
 장비-1 서울 모 대학병원 신장실 초순수 제조장비	 장비-2 전라도 모 두부공장 악성 폐수 처리장비 발명 특허
 장비-3 R/O급 초정밀 정수기 악성 폐수 초정밀 처리 발명특허 필터 반복재생	 장비-4 해수 담수화 장치 장비

필자가 설계, 제작한 수기 장비들

장비-5
혼상식 순수장비

장비-6
엑스포 산업박람회

장비-7
역삼투압 담수화 장치

장비-8
자동차회사 공업용수
일만 톤/일 처리장치

'물' 동의보감에서 초순수와 상지수(上池水)는

동의보감에서 최상의 물은 상지수(上池水)라고 하는데, 상지수는 아침 풀잎의 이슬이고 이슬은 증류수이다.

증류수보다 더 깨끗한 물을 초순수라고 한다. 지금은 주사용액, 링거뿐만 아니라 한방 탕제에도 초순수를 최상의 물로 사용한다.

그림-1
초순수는 상지수를 능가하는 최상의 물이다.
초순수를 능가하는 물은 아직 지상에 없다.
초순수는 한방에도 최상의 물이라는 것을 밝힌다.

한방에서의 초순수

한약에서 물은 대단히 중요하다. 물이 깨끗해야 의도하는 약효가 나타날 수 있기 때문이다. 예를 들어 '칼슘(미네랄)이나 철, 망간 같은 무기 화합물이 들어있으면 어떤 문제가 있는가'는 한의사들의 기본 상식이기도 하다. 그럼에도 한방에서는 아직 상지수(증류수)를 쓰지 못하고 있지만 경기도 도원 한의원에서는 상지수인 초순수를 사용하여 약성, 약효를 더욱 활성화한다. 의사로서 의술의 사명을 더(添)하는 것이다.

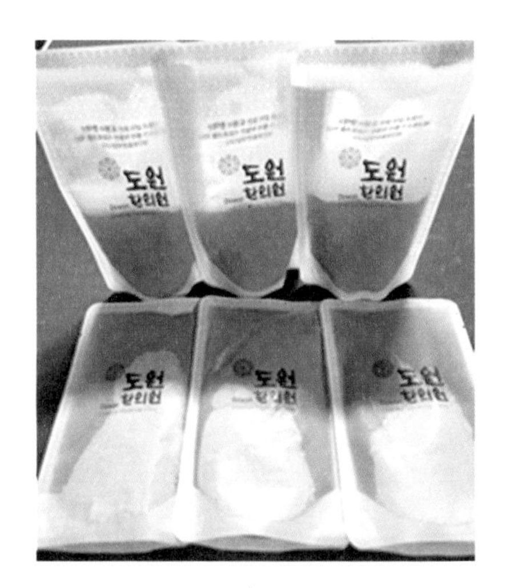

그림-2
경기도 도원 한의원 정영훈 한의사께서는
모든 약재는 초순수로 탕약한다.
한의사로서 앞선 기술이다.

초순수와 음식들

세계 최초 놀라운 사실들이 일어난다. 막걸리 제조에 쓰는 물은 일반적으로 지하수를 선호한다. 지하수는 맑고 깨끗하다는 인식 때문이기도 하지만 각종 미네랄이 풍부하게 들어있기 때문이라고들 한다. 여기서 물 공부 좀 해보면 이야기는 달라진다.

지하수는 시각적으로는 깨끗하게 보이지만 수질 분석을 해보면 눈에 보이지 않는 이물질들이 많은 것을 알게 된다. 그중 제일 많은 것이 광물성 칼슘, 마그네슘일 것이다.

본서는 물속 칼슘, 마그네슘은 석회석 돌가루라는 사실과 이들이 돌 석(石) 자, 치석, 담석, 요석, 치주질환, 혈관질환, 심장질환, 뇌질환 등 건강에도 상당한 문제가 되며 음식 맛에도 상당한 영향을 준다는 사실을 밝힌다.

필자는 이런 문제를 해결하기 위하여 발상의 전환에서 초순수를 먹는 물로 개발, 초순수로 각종 음식을 만들어 보았다. 결과는 '이럴 수가'라는 감탄과 함께 진실한(Fact) 이슈가 발생했다. 초순수는 이물질 찌꺼기가 없기 때문에 잡냄새가 없고, 음식 고유의 맛을 깔끔하게 살려 준다는 것과 성질이 딱딱하고 거친 석회석 돌가루가 없어 목 넘김이 부드럽다는 것 등이다. 초순수는 이런저런 이유로 건강에도 좋고 맛도 좋다. 물속에 이물질 하나가 있고 없고의 차이는 참으로 놀랍지만, 물을 모르면 절대로 모른다. 그래서 물 공부 좀 해보면 확실히 알게 된다.

세계 최초 초순수와 막걸리

그림-3

초순수로 만든 막걸리는 맛도 좋고, 건강에도 최상이다. 한 번 더 정밀 필터링을 하면 청주같이 맑고 고운 색이 나며, 맛도 고급 와인에 버금가고, 건강에 더 좋은, 막걸리 아닌 막걸리가 탄생되더라. 멸균 처리를 잘하면 보존기간도 오래간다.

시음을 해본 사람들은 한마디로 '이럴 수가' 감탄을 한다. 그래서 세계 최초라는 말을 감히 할 수 있다. 막걸리 시장에 새로운 명품 막걸리가 탄생한 것이다.

초순수의 차와 커피는?

한마디로 맛과 향이 다르더라.

초순수에 차와 커피는 맛도 향도 다르다. 세계적인 차와 커피 메이커들은 맛과 향의 전쟁을 한다. 그들만의 고유한 맛과 향을 내기 위해 연구실에서 초순수를 사용한다고 한다. 초순수는 이물질이 없어 그들만의 맛과 향을 낼 수 있지만, 연구실만 나오면(가정, 찻집, 커피점) 맛이 달라진다. 초순수가 아닌 잡맛, 잡냄새 나는 일반 물을 쓰기 때문이다.

그림-4

이것 또한 초순수를 모르면 절대로 모른다. 경험해보지 못했기 때문이다.

*참고 : 이물질 찌꺼기란 법으로 정한 먹는 물 수질 기준에 속하는 모든 물질을 총칭한다.

초순수와 김치, 물김치

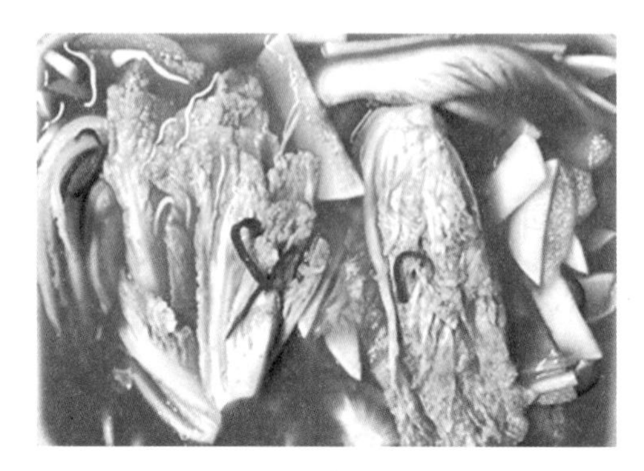

그림-5

한마디로 놀랍더라!

초순수로 담근 김치, 물김치는 맛도, 향도 다르더라. 맛도 맛이지만 석회석 돌가루가 없어 건강에도 더욱 좋은 음식이 된다. 나와 가족을 위한 명품 음식의 기초는 초순수뿐이다. 초순수는 첨단 과학, 의약, 한약뿐만 아니라 모든 음식에도 확실한 기초가 된다. 된장, 간장 등 각종 음식도 초순수가 초석이 되어야 하는 이유를 직접 사용해보고 먹어보지 않으면 절대 알 수 없다. 일반 물에 익숙해졌기 때문이다. 세계 최초라는 말은 결코 빈말이 아니다. 초순수로 만든 된장, 간장, 김치 맛이 더욱 궁금해진다.

물 하나 바꾸었을 뿐인데. 물 공부를 좀 해보면 이야기는 달라진다.

제2장 | 먹는 물, 알고 모름에서

인간(人間)의 희망은

희망은 음악 없이도 춤을 추게 하는 유일한 추임새다. 물론 음악도 춤을 추게 하지만, 희망은 오늘보다 내일의 원대한 꿈을 기대하게 하는 것이기 때문에 정신과 감정에서 느끼는 깊이는 음악의 일시적인 흥과는 차원이 다르다.

인간의 희망은 행복한 건강, 건강한 행복이라는 점에서 행복과 건강은 떨어질 수 없는 불가분의 관계이다. 그러나 생로병사의 틀 안에서 그나마 희로애락을 즐기고 있음에도 불구하고 불로불사, 무병장수 같은 끝없는 욕심을 생각해보면, 인간 내면에는 죽음과 별개로 무의식적 영원성의 개념이 있다는 것을 알 수 있다. 다시 말하면 인간은 누구나 건강과 행복을 지향하지, 병들어 죽고 싶은 사람은 없다는 말이다.

진시왕은 무병장수, 불로불사를 위해 그의 시복에게 엄청난 돈을 주면서 불로초를 구해오라고 봉래섬으로 보냈다. 하지만 그는 끝내 돌아오지 않고, 젊은 나이임에도 지구를 떠났다. 이같은 사연을 보면, 인간은 남녀노소 누구나 죽음을 가장 두려워하는 존재라는 걸 알 수 있다. 이런 의미에서 좀 더 건강하게 오래 살고 싶어 하는 우리의 본성을 이해할 수 있다. 그것이 오복수위선(五福壽爲先)의 수(壽)에 해당된다는 사실에서 인간존재의 갈망, 희망을 생각해본다.

사람의 몸은 신묘막측(神妙莫測)이라고 한다. 신기하고 묘해서 측량할 수 없다는 말이다. 신비한 인체를 투명하다고 생각하고 조금 들여다본다면 몸속의 장기들이 정밀하고 정교한 시계처럼 한 치의 오차 없이 완벽하게 작동하여 움직이고, 생각하고, 말하고, 느끼고, 듣고, 보고, 먹고, 살아 움직이는 생명기능을 질서 있게 유지한다는 것은 인체의 신비가 아닐 수 없다. 완벽하게 돌아가야 할 인체가 어느 한 부분 작동에 이상 신호를 보내는 것을 우리는 질병이라고 한다. 문제의 요인들은 많다. 공해 문제, 식품 문제, 양날의 검이라고 하는 양약, 심리적인 스트레스까지. 내 주위에는 이런저런 문제들이 많이도 쌓여있다.

우리는 이렇게 많은 문제를 모두 해결할 수는 없지만, 그래도 먹는 물이 제일 중요하다고 인정되는 점에서, 먹는 물이 인간 내면의 정신적, 심리적, 사회적 실상에까지 문제의 초점을 맞추어 본다.

일종의 정신 의학 홀론 의학과 가짜 약 플라시보 효과도 포함된다. 심리적 속임수보다 확실한 최상의 치료는 예방 의학이다.

물의 기원을 찾아서

생명의 기원이라는 의미에서 물의 화학명은 H^2O이다. 수소 원자 2개와 산소 원자 한 개. 이들은 응집력에 의해 사슬 모양으로 연결되어 있다. 두 원자가 전자를 공유, 결합하여 만들어진 것이 물이다. 물의 형태는 약간 굽은 사슬형, 고리형, 육각형, 오각형이 있다고 하지만 정확히 눈으로 확인된 것은 아니기 때문에 유사과학이나 유추일 뿐이다. 물방울은 응집력의 단위 무게이며, 이러한 물의 응집력으로 동물과 식물이 생명을 유지한다.

물은 우주에서도 유일하게 지구에서만 존재하며, 지상의 모든 생물 생명의 기원이고, 만물의 영장으로 존엄을 위해서도 없어서는 안 될 절대적인 것이 물이다. 물의 기원은 지구가 탄생하면서부터 셀 수 없는 날 동안 이 땅에서 생물의 생존을 위해 존재해 왔고, 앞으로도 영원히 존재해야 할 것이다. 물은 태초부터 태양열에 의하여 하늘과 땅을 오르내리면서 증발과 순환을 반복하지만, 지금까지 단 한 방울의 물도 소멸되거나 지구를 떠나지 않고, 이 땅에서 불변으로 존재하며 생물의 생명을 지켜준다.

인류문명도 물에 종속되어 있다는 것을 알 수 있다. 인간생명도 물에 의존하지만 인간 존엄도, 문명도, 문화도 물(江)을 중심으로 발원, 존재하게 되었음을 알게 된다. 세계를 지배했던 강대국들과 그

외 크고 작은 나라들도 강물을 중심으로 문화와 문명을 발전시키고 존속 유지하였으며, 우리도 압록강, 대동강, 한강, 낙동강을 중심으로 사람들이 모여 살았고, 앞으로도 셀 수 없는 날 동안 생존을 위한 존엄과 문화가 이어질 것이다. 물은 우리가 알게 모르게 지상의 동·식물뿐만 아니라 공중의 새들과 수중의 생물까지도 완전하게 보호하고 있다.

물은 온도 변화에 따라 액체, 기체, 고체가 되면서 밀도와 부피가 늘어나고 줄어드는 유일한 물질이다. 물은 얼면(結氷) 부피는 늘어나고 밀도는 낮아지게 된다. 어는점(氷)에서는 분자 간 거리가 줄어들고, 온도가 올라가면 분자 간 거리가 커지고, 밀도는 낮아지며 부피가 커진다. 이런 과정에서 얼음으로 결빙되면서 분자 간 팽창으로 물 위로 뜨게 되는 놀라운 현상이 일어난다.

이런 순환 과정에서 지구의 수중 생물은 보호되고 멸종을 면하게 된다. 이것이 물이 가지고 있는 특별하고도 놀라운 기능이다. 물은 지상에서는 태양열에 의해 증류수로 증발, 기압 차에 의하여 하늘 공간과 땅 근처와 대기권까지 분포하게 된다. 기압이 낮으면 땅 근처에 내려오는데, 그때의 물을 안개, 또는 운무(雲霧)라고 한다. 기압이 낮아 습도가 많으면 불쾌지수가 올라가게 된다. 반면 기압이 올라가고 높아지면 물은 대기권에까지 올라간다. '가을 하늘은 높다'라는 뜻의 천고마비(天高馬肥)가 이 현상에서 나온 말이다. 하늘 높이는 언제나 그대로이지만, 가을 하늘은 높다고 하는 이유다. 계절상 기압 차이에서 구름이 올라가고 내려감에 따라 하늘 높이가 높게도, 낮게도 보이는 현상을 말한다. 달의 영향에 의해, 지구 기울기에 따라 계절이 바뀌면서 지구와 태양의 거리, 태양열이 땅에 미치는 온도 차이에 따라 구름의 위치가 달라진다. 이에 따라 우기와 건기로 나누어지는 것이다. 우기에는 구름이 아래로, 건기에는 구름이 위로 올라가고 내려온다.

물은 하늘대기에서 입자상의 안개와 구름으로 존재하다가 이런저런 이유로 비가 되기도 하고, 안개, 이슬, 눈, 우박으로 내린다. 모두 지상의 생물을 안전하게 보호하면서 땅으로 내려온다. 얼음 덩어리로 떨어지지 않고 이슬비, 보슬비, 가랑비로 내리기도 하지만 가끔은 폭우로 내리기도 한다. 겨울에는 가볍고 아름다운 눈송이로 포근하게 내리기도 한다. 가끔은 위협적인 우박으로도 내려 농작물 피해는 조금 있지만, 사람이 다칠 만큼 위협적인 얼음 덩어리가 아니다. 모두 생물을 안전하게 보호하면서 자연과 함께 먹고 마시는 물이고 기원이다.

인간 생명 기원의 귀중한 물을 돈 한 푼 지불하지 않고 먹고 쓰면서 사람들은 감사하다는 생각을 하지 않는다. 천금과도 바꿀 수 없을 만큼 자신을 안전하게 보호하고, 더불어 건강과 행복을 유지하게 하고, 존엄성까지 지켜 주는 물이지만, 안타깝게도 많은 사람들은 감사할 줄 모른다. 물이 너무 흔해서일까. 아니다. 물이 풍부하고 흔하기에 우리는 마음대로 목욕도 하고, 세탁도 한다. 이런저런 이유로 삶의 질과 인간 존엄도 유지할 수 있다. 지구에서 제일 흔한 것이 물이기 때문이다. 물은 인간에게 정말 고마운 존재다. 감사해야 할 일이지만, 우리는 대수롭지 않게 생각하기도 한다. 너무 흔하니까 하찮은 것으로 여기는 것이다. 존재의 이유를 망각한 채, 우리는 이렇게 살아가고 있다. 물을 생명 유지를 위함은 물론, 생활에 불편함 없이 마음껏 사용하면서도 당연한 것으로 여기며 살고 있다. 이 기회에 필자도 물의 고마움을 새삼 깨닫고 물에게 감사 인사 한번 해야겠다.

하늘에서 내리는 빗물이 바로 물의 기원이다. 무게가 큰 구름은 수백 톤이 나가는 것도 있다고 한다. 그렇게 많은 양의 물이 하늘에 둥둥 떠 있는 것도 신기하지만, 더욱 놀라운 것은 빗물이 땅으로 내릴 때 천둥 번개를 동반해 식물의 최고 영양소인 질소를 만든다고 한다. 생물에게 생명 활력을 주는 것이다. 태양열에 의해 땅과 하늘을 순환하는 빗물의 능력은 참으로 놀라운 것이 많다는 사실을 하나하나 밝힌다.

우리는 이런 빗물을 증류수라고도 한다. 증류수는 세상에서 가장 깨끗한 물이다. 즉, 빗물도 증류수이기에 세상에서 가장 깨끗한 물이라고 할 수 있다.

하지만 수천 년 동안 맑고 깨끗했던 빗물이 불과 몇십 년 안 된 어느 때부터 오염된 물, 못 먹는 물, 먹으면 안 되는 물로 변하여 사람들의 인지 심리에 경(도徒)으로 각인되어 버렸다. ('경을 친다'의 '경'을 뜻한다. 과거 도망가는 노비를 잡아 지워지지 않는 먹으로 남자의 얼굴에는 奴(노) 자를, 여자의 얼굴에는 비(婢) 자를 새겨 고개를 들고 다니지 못하게 하던 행위를 '경 친다'라고 하였다. 오늘날의 문신 같은 각인이다.)

불과 5~60년 전, 우리는 잘 살아 보자고 망치 소리와 더불어 힘차게 과학을 등에 업고 과학의 이름으로, 공업과 산업 발전이라는 명분으로, 내일의 희망은 이길 길밖에 없다는 일념으로 자연을 뒤로 했다. 덕분에 생활은 윤택해질 수 있었지만, 그로 인해 세상은 온통 쓰레기와 공해로 가득했다. 뿐만 아니라, 사람들의 인심 또한 각박해져 메마른 사회가 된 것 또한 부인할 수 없다. 그렇게 맑고 깨끗했던 빗물은 먹지도, 쓰지도 못하게 되어버렸고, 온화했던 사람들의 심성도 이제는 순수하지 못하다. 문제는 있지만, 문제가 무엇인지도 모른 채 살아가고 있다. 이것이 오늘날의 현실이다.

문제가 해결되지 않은 상태에서 빗물을 대신해 나타난 것이 수돗물이다. 수돗물은 오염된 빗물, 그냥 먹을 수 없는 강물을 정수 처리하여 파이프를 통해 가정으로 공급된다. 수돗물이 편리하기는 하지만 과거 하늘에서 내린 자연수, 우리 선조들이 마시던 순수한 빗물을 대신하지 못하는 것이 사실이고 현실이다.

안타까운 마음이지만 우리는 지금까지 그런 환경에 적응하면서 경제적으로는 윤택하지만, 윤택 뒤 질병의 그림자를 알아차리지 못하고 과학과 의학이 건강을 보장, 해결해 줄 것이라는 믿음 속에서 살아왔고, 살아가고 있다.

하지만 여기서 더 큰 문제는 상업이다. '오직 이익만이 살 길'이라는, 탐욕의 신(神) 기만의 지배를 받는 상업이 인간을 배신하고 있다는 것과 건강의 적, 질병이라는 검은 그림자의 존재를 헤아리지 못하기 때문이다. 우리가 먹는 물에도 적용되는 문제라는 소리다.

하지만 대부분의 사람들은 먹는 물의 문제가 무엇인지도 모른 채 생각 없이 믿고 마신다. 무조건 건강해질 것이라는 믿음으로 먹는다. 하지만 조건 없이 건강할 수 없다. 알고 모름이 확실해야 한다. 건강은 확실한 지식이 정답이기에 카더라 식으로는 곤란하다. 물 공부를 해봐야 알게 된다. 건강은 신기루같이 묘하다. 잡힐 듯 쉬이 잡히지 않는다. 죽자사자 사력을 다해도 잡히지 않는 것이 건강이다.

이쯤에 수돗물 틈새시장으로 나타난 것이 대동강 물도 팔아먹었다는, 그 유명한 봉이 선달님 같은 머리 좋은 천재 프로슈머들이다. 그 외 각종 먹는 물과 정수기가 등장했다. 그들은 세계적인 부자 사업가들이다. 수많은 먹는 물과 정수기들도 과학 기술을 등에 업고 빗물에 도전장을 내 한 판 붙어 보지만 여타 이유로 벽에 부딪힌다. 여타 이유란, 정수 기술과 비용, 고객들의 지식들, '먹는 물 수질 기준'이라는 제도권이다. 과학의 이름으로 내세운 '미네랄은 영양'이라는 주장으로 정신의 가시는 잠시 괜찮다고 쳐도, 몸의 가시들은 어찌합니까? 과학은 첨단을 앞세우지만 완전하지 못한 인간의 산물이다. 하지만 자연은 완전한 신(神)의 산물이기에 자연과 과학은 비교 자체를 할 수 없지만, 우리는 '먹는 물 수질 기준'이라는 제도권에서 법으로는 안전을 보장받는다. 그러나 현실적으로 '안전한 물일까'라는 문제를 생각해 봐야 한다.

수질 기준에서 허가된 물질은 무엇이고, 안전한가? 수질 기준에 포함된 물질은 모두 사람이 먹어서 좋을 것 없는, 먹어서는 안 되는 것들이다. 철, 망간, 불소, 농약 등 정수 기술에서 이런저런 이유로 허용할 수밖에 없는 것이 먹는 물 수질 기준이다. 다시 말하면 더 이상 제거할 수 없는 정수 기술의 한계이다. 수질 검사에서 정해놓은 기준을 초과하지 않는 것보다 더 좋은 물은, 수질 기준의 모든 항목 불검출이라는 것이다. 그 물이 바로 증류수보다 깨끗한 초순수이다.

수질 항목에서 모두 불검출일 때 비로소 초순수라고 할 수 있다. 현재 우리가 먹는 물에는 '먹는 물 수질 항목'에 속하는 물질이 있다. 대표적인 것이 미네랄이라고 하는 칼슘, 마그네슘이고, 나트륨, 철, 망간, 칼륨, 일부 농약도 허용되고 있다. 하지만 모두 사람이 먹어서 좋을 게 없는 것이더라. 제도권이란, 나라에서 인정하고 허가하는 것이다. 불완전한 인간은 불완전한 과학을 제도권에서 인정하지만, 완전한 자연은 불완전한 제도권에서 간섭하지 않고, 간섭받지 않는 것이다. 과학은 제도권에서 권리를 주장할 수 있지만, 자연은 제도권에서 이도 저도 아닌 중립의 입장이다. 과거나 지금이나 빗물에는 수질 기준에 속하는 이물질 찌꺼기가 없기에, 과거에도 현재에도 먹는 물로 간섭받지 않았다. 수돗물보다 깨끗하고, 수질 기준에서 벗어난 안전한 물이다. 과거 인류도 건강상 문제가 되지 않았기에 빗물을 먹었다. 먹는 물로 최상임을 알렸으면 좋았을 것을. 먹는 물은 법적 기준에 있다.

인간 제도는 과학이 중심이다. 과학은 자연을 모방한 모조품이지만 그러하다. 먹어서 나쁜 것은 허용하고 먹어서 좋은 것은 무시되는 아이러니가 먹는 물 수질 기준이다. 빗물, 증류수, 초순수는 사람이 먹기에 가장 이상적이고 안전한 물이다. 세계보건기구(WHO)와 미국 FDA 등에서 먹는 물 수질 기준은 증류수라고 했다. 이물질 찌꺼기가 없기에 가장 안전한 물이라고 선언했다.

인간이 자연을 재판하는, 엄청난 잘못을 범한 사례가 있다. 바로 갈릴레오 갈릴레이의 '그래도 지구는 돈다'는 말로 유명한 사건이다. '지구가 태양을 중심으로 돈다'는 천문학자 갈릴레이의 주장과 '우주가 지구를 중심으로 돈다'는 종교인들의 주장을 두고 열린 종교재판에서, 종교인들은 본인들의 주장을 앞세우기 위해 갈릴레이에게 생명의 위협을 가하여 일방적인 판결을 내렸다. 하지만 갈릴레이는 재판장을 나오며 말했다. "그래도 지구는 돈다"고.

이 사건은 인간이 자연을 재판한 큰 범죄로 역사에 남게 되었다. 인간의 완전한 건강은 자연에서만 가능하지만, 과학을 우선시하는 인간 제도가 자연을 역행하는 모순을 범하고 있으며 사람들은 이 사실을 망각하고 있다.

우리가 먹는 물은 순수함을 잃어버린 지 오래되었다. 그 사이 상업이 '이익만이 살 길'이라는 이기적인 목적에 이용하고 있음은 안타까운 일이다. 우리의 소원은 건강이지만 집마다 쌓이는 약봉지로 행복을 역행하는 모습에서 미루어 보아, 기껏해야 70살 인생에 80살이면 장수라고 한다.

태초의 빗물을 대신할 물, 초순수가 유일한 해결 방법이다.
초순수란 무엇인가? (54page에서)

생물의 생존 법칙

이 땅의 모든 생물은 자연의 법칙 속에서 생명을 유지하며 살아간다. 공중에 있든, 평지에 있든, 물속이나 땅속에 있든, 모두 자연의 법칙을 준수하며 살아야 한다. 이를 어기면 몸이 힘들 뿐만 아니라, 오래 지속될 시에는 지구를 떠나야 한다. 추우면 옷을 더 입어야 하고, 배가 고프면 밥을 먹어야 하고, 잠이 오면 잠을 자야 몸이 편하다. 이처럼 자연에 순응하는 것이 순종의 미학이다.

수족관에 사는 물고기는 수족관의 환경에 따라 생명과 건강이 유지되고 달라진다. 맑고 깨끗한 물, 깨끗한 공기, 질 좋은 영양이 공급되어야 하고, 수초와 자갈, 모래가 더해지는 환경이 조성되면 삶의 질은 높아질 것이다. 그러나 그렇지 못하면 건강뿐 아니라 생명까지도 단축된다.

인간을 제외한 모든 동물은 설계된 본능에 순종하면서 살게 되어 있어 문제없지만, 인간에게는 자유 의지라는 독특한 특성이 있기에 가끔 법칙을 벗어나는 억지를 부리는 경향이 있다. 행동의 자유와 이기적인 성향 때문이다.

이렇듯 인간은 자유롭게 생각하고 행동하지만, 문제는 '심은 대로 거둔다'는 원칙이 적용된다는 것에 있다. 생각한 대로 행동하고, 행동한 대로 결과를 거둔다는 원칙이 문제가 되기도 하고, 좋은 생각에 좋은 결과를 창출하기도 한다. 인간이 행동하는 동기 중 가장 근본적인 것은 욕망을 가능 시키고자 하는 것이다. 욕망이란 이익에 비례하는 것이고, 이익에 몰입하면 이익에 의한 자유의지가 작동되면서 생각의 동기에 힘을 부여하게 된다. 이익 동기의 합리란 도덕성에 문제가 될 뿐만 아니라, 알게 모르게 인간 존엄 가치도 추락하게 된다. 인간 존엄은 돈으로도 살 수 없기에 자유의지를 잘 사용해야 할 것이 요구된다.

지구는 다양하면서도 셀 수 없는 생명체들로 가득하다. 생물들에게는 생존을 위해 각각 주어진 법칙들이 있다. 식물은 뿌리를 통해 땅속 미네랄을 스스로 취하여 생명을 유지함으로써 독립영양 생물군으로, 땅속과 물속의 무기 미네랄을 스스로 영양화할 수 없는 탓에 식물에 의한 영양으로 생명을 유지할 수밖에 없는 동물은 식물에 의한 종속영양 생물군으로 분류한다.

식물과 동물은 각각 주어진 환경과 법칙에 따라 독특한 생리현상으로 생명을 유지하기는 하지만, 생명 유지를 위해 서로 간의 연결고리가 이어져 있기 때문에 연결고리를 벗어나서는 결코 생명을 유지할 수 없다. 이렇듯 상호 관계로 엮여 있는 것이 먹이사슬의 자연법칙이다. 식물의 영양과 동물의 영양은 각각 다르지만, 이들은 상호 보완의 위치에서 떨어질 수 없는 상생으로 존재한다. 결국, 모든 생명체는 하나의 생물군으로 존재하는 것이다.

식물의 영양은 땅이 가지고 있고, 사람과 동물의 영양은 식물이 가지고 있다. 식물은 땅(흙)이 없으면 살 수 없고, 동물과 인간은 식물이 없으면 살 수 없다는 말이다. 땅(흙)속 미네랄은 식물의 영양으로만 설계되어 있는데, 이처럼 식물의 영양으로 설계되고 정해진 것을 사람이 사용하는 것은 자연법칙을 위반하는 행위이다. 자연법칙 위반으로 나타나는 현상이 질병이다. 물속 미네랄은 식물만의 영양이지, 사람의 영양이 아니기 때문이다.

인류는 지금도 질병으로 몸살을 앓고 있다. 왜 그런가? 과학의 이름으로 더 잘 살아 보자고 하는 짓들인데, 어쩌란 말인가? 이제 이런저런 이유를 알았으니 준법정신, 자연에 순응순복 순종하면서 사는 것이 인간의 본분임을 인정해야 한다.

식물만의 영양인 물속 미네랄을 왜 인간이 먹어야 한다고 우기는가! 왜, 왜!

인간의 질병은 오만 가지라고 한다. 오만 가지 병을 치료하기 위하여 오만 가지 치료 방법과 오만 가지 약들이 나오고 있지만, 그럼에도 해결되지 않는 것이 현실이다. 인간이 인간에게 정해놓은 법을 어기면 마땅히 구속되지만, 자연이 인간에게 정해놓은 법을 어기면 질병이라는 경고를 받고, 그것을 계속 무시하게 되면 지구를 떠나라는 명령이 내려진다. 그로 인해 지구를 떠난 사람이 한둘이 아니다. 각골명심(刻骨銘心)하자.

먹는 물, 초순수란? (Ultrapure Water)

사람의 내면에는 생각하는 나와 행동하는 나, 두 자아가 존재한다. 생각이 행동으로 나타나기 때문에 그 사람의 행동을 보면 생각을 알 수 있다. 생각은 행동에 기회를 곧잘 주지 않기 때문에, 행동의 결과로 후회하기도 한다. 행동은 생각의 결과이기 때문에 배우고 익히는 것이 중요하다. 물 공부는 후회 없는 결과를 만들기 위함이다.

우리는 불요불급(不要不急)한 생각들을 많이 한다. 역경과 고난을 일부러 찾아다닐 필요는 없다. 하지만 역경의 고난들을 무의식적으로 받아들이고 어떻게 대응할지는 스스로의 의지로 결정할 몫이다. 판단의 미학으로!

모든 길은 로마로 통한다는 말이 있다. 이제는 먹는 물도 무조건 초순수로 통해야 한다. 왜냐하면 초순수가 먹는 물로서 세계 표준이고 기준이기 때문이다.

청출어람(靑出於藍)이라는 말이 있다. '깨끗한 물속에 깨끗한 물'이라는 뜻인데, 초순수가 바로 청출람(靑出籃)이다.

초순수, 처음 들어본 말일 수도 있지만 초순수는 오래전부터 있었고, 지금도 각종 첨단 기술에서는 극진한 대접을 받고 있는 최상의 물이다. 그러므로 초순수는 모든 물 중 가장 깨끗한 물, 깨끗한 물, 중의 왕 중 왕 '청어람'이다.

초순수는 증류수보다 깨끗한 물이다.

초순수는 먹는 물의 기준이고 표준이다.

초순수는 생명과 건강에 활력을 주는, 가장 안전한 물이다.

초순수는 숨어있는 질병은 찾아내어 몸 밖으로 밀어낸다.

초순수는 몸으로 들어오는 질병을 막아주는 역할을 한다.

초순수는 영원히 변하지 않는다.

초순수는 부드러워 물맛도 최상이다.

과거 어머님들이 병약한 시부모나 어린 자식에게 준 물을 감로수라고 한다. 감로수란 밥솥 뚜껑에 서린 물을 모은 것, 즉 증류수이며 약수라고 한 물이다. 초순수는 감로수를 능가한 물이다.

초순수는 금속, 비금속, 무기질, 유기질, 미생물 등이 완전하게 제거된 물이다. 이렇게 되면 미네랄이 없다고요?

아직도 미네랄이 무엇인지 이해 못하셨다면 계속되는 내용에 집중하시기 바랍니다. 이해의 갈림길에서 확실한 판단이 요구된다. 초순수는 태초의 완전했던 빗물을 복원한 물이다. 그래서 첨단 과학 기술과도 떨어질 수 없는 떨어지면 안 되는 최상의 파트너로 연결되어 있다.

각종 실험실, 연구실, 식품과 의학 분야, 반도체, 원자력 발전에 까지 없으면 생산도 운전도 안 되는 귀중하고 소중한 물이다. 초순수는 이렇게 깨끗한 물이기에 사람이 인간이 건강한 행복 행복한 건강을 위해 마실 수 있는, 최상의 물로 극진한 대접을 받아야 한다는 사실을 알아야 한다.

초순수는 먹는 물의 세계 표준이 되어야 한다. 초순수는 첨단 과학 분야에도 없으면 안 되는, 아주 중요한 파트너이기 때문이기도 하지만, 사람이 먹고 마시는 물로도 극진한 대접을 받아야 할, 그러나 망본의 경로 의존이라는 내 안에 그놈 망각의 인식, 불편한 그놈이 조금 남아있는 것이 지적받아야 할 현실 문제가 아닐까 한다.

내 안에 그놈

'내 안에 그놈'이란 심리적 인지 부조화를 말한다. 인지 부조화는 '태도와 행동 사이에 불일치가 생기고, 불일치의 불편함을 해소하기 위해 하나로 일치시키고자 하는 내적 갈등에 편승하는 선택의 지각 현상'을 가리킨 말이다. 인지 부조화에는 '칵테일 현상'이라는 것이 있다. '소리가 식별되지 않는 시끄러운 소음 속에서도 자기에게 유리한 정보는 잘 들린다'는 일종의 인지 지각 현상이다. 불편함을 스스로 정당화, 또는 합리화시키려는 심리 작용이다.

태도에 행동을 맞추기보다 행동에 태도를 맞춘다고나 할까. 그게 그거인 것 같지만, 이익에 이기와 기만이 투영되면 강력한 부조화 현상이 일어나고, 그것이 지속되고 습관이 되면 마침내 인지 심리에 마비현상 즉 일종의 화인 이다.

상업에 의한 자기 보호 본능은 인간 누구에게나 있는 본성이다. 이익추구에 나타나는 이기적 부조화는 행복을 앞서가는 불행의 씨앗이고, 씨앗이 자랄수록 뿌리 깊은 편법의 인지 함정에서 벗어날 수 없게 된다.

초순수에 미네랄이 있는 것이 문제인가?
없는 것이 문제인가?
초순수에 이물질 찌꺼기가 있는 것이 문제인가?
없는 것이 문제인가?

초순수 너무 맑고 깨끗해서 문제인가?

그래서 증류수, 초순수를 먹으면 설사를 한다고 하는가?

빗물, 증류수를 못 먹는 물, 먹으면 안 되는 물이라고 하는 이유를 묻고 싶다. 故 정주영 회장님의 "해봤어? 해보고 말해."라는 말이 유명하다. 해보지도, 먹어보지도 않고 맞다, 아니다라는 카더라 식은 위험한 발상이다. 의사, 박사, 교수 중에도 제대로 먹어보지도 않고, 지식인 명패를 달고 잘못된 정보를 떠들어대는 사람들이 있다. 그들의 말에 잠시 '그런가?' 할지 모르지만, 곧 거짓말이라는 것이 들통나게 된다. 문제는 여기서 끝이 아니다. 인류의 염원, 건강을 해치는 큰 실수를 범하는 범죄행위가 될 수도 있다.

자연의 법칙과 질서 안에서 말이다.

초순수가 얼마나 좋은 물인지는 세계보건기구, FDA, 과학, 의학, 가까이는 한의학에서도 확실히 증명한다. 경기도 도원 한의원 정영훈 한의사에게 알아봤다.

한의학, 동의보감에 약재로 쓰는 물 34가지를 소개하는데, 먹는 약재에 쓰는 최상의 물은 상지수(上池水)라고 한다. 아침 풀잎에 맺힌 이슬이라는 뜻의 상지수는 대기 오염이 없는 깨끗한 빗물이며 증류수이다.

동의보감을 기술할 때는 현대와 같은 첨단 정수기술이 없어 많은 양의 이슬을 모으는 일이 불가능하여 실제로 사용하지 못했을 것이다. 또한, 물을 끓여 만드는 증류수는 비용이 많이 들어 쉽게 쓸 수 없지만, 이슬(증류수)이 최상의 물이라는 것에는 어제나 오늘이나 변함이 없다.

초순수가 나오기 전까지는 그러했다.

이제는 아침이슬보다 깨끗한 초순수가 만들어졌다. 초순수는 첨단 수처리 기술로, 생산 비용이 거의 들지 않아 가정뿐만 아니라 대량생산도 가능하다. 반가운 소식이 아닐 수 없다.

초순수는 첨단 기술에 의해 반도체, 제약회사 등 각종 첨단 과학, 의학, 식품 산업에서는 물론, 선진국의 특급 호텔, 식당, 식품업소와 가정에서도 정수기로 쓸 수 있게 되었다. 가정용 정수기는 수압을 이용하기 때문에 전기요금이 한 푼도 들지 않는다. 이것은 인류사회가 바라던 '건강한 삶'에 큰 변화가 있음을 의미하는 것이다.

먹는 물 하나가 이렇게 큰일을 할 수 있을까? 답은 그렇다, 정말 그렇다, 확실하게 그렇다. 또한 물 공부를 해 보면 먹는 물이 대단히 중요하다는 사실을 알게 된다. 하지만 내 안에 그놈이라는 이유로 사람들의 인지 심리에 부정적인 꼬리가 달려있는 것이 문제이다. 왜 그럴까? 등잔 밑에 가려진 등하불명(燈下不明) 탓일까? 수십 년 오염된 빗물 때문일까? 부정의 꼬리, 여타 심리적 인식에 문제가 생긴 것이다. 하지만 우리의 소원은 건강이다. 건강을 위해서라면 제대로 알아봐야 하지 않겠는가! 건강의 진정한 의미는 깨끗한 물이다. 그렇지 않은가? 그렇다면 내가 지금 먹고 있는 물은 과연 깨끗한 물인가를 가름해 보아야 하지 않겠나. 전문가 수준으로 물 공부 좀 해보자.

아무것도 들어있지 않은 물이 진실로 깨끗한 물이다. 무엇이 들어있는 것을 깨끗하다고 하지는 않는다. 그렇지 않은가?

우리가 먹는 물에는 법적 수질 기준에 속하는 것이 많이 들어있다. 대표적인 것이 미네랄이라고 하는 무기광물질 칼슘, 마그네슘이다. 우리는 이것을 영양이라는 이름으로 인식하고 있다. 해양심층수 경우에도 제거한 미네랄을 1:2:1이라는 비율로 다시 첨가한다. 미네랄이 영양인가 아닌가도 문제이지만, 이런 것이 물에 들어있다는 것 자체가 깨끗함과는 거리가 멀다. 깨끗하지 못한 물을 깨끗하다고 하는 모순이다.

몸에 영양이 되는 미네랄은 물이 아닌 식품에 있기 때문에 미네랄은 식품에서 얻어야 한다는 사실은 누구도 부인할 수 없지만, 짜 맞추기를 하면 '물은 물이고 식품은 식품이다'라는 억지 논리도 나올 수 있지만. 이러한 억지 논리에 관점과 개념을 적용해 보았다.

'어떤 틀(Frame)에서 고정된 내용(물체)의 모양에 의한 판단은 보는 사람의 방향과 위치에 따라 당연히 달라지지만, 존재의 본질은 변함없다'는 것을 프레임 법칙이라고 한다. 보는 위치에 따라 각각 다르게 보이면 생각과 표현 역시 각각 다르게 나타난다. 관점에서는 각각 다른 의견을 내고, 다른 생각을 할 수 있다. 하지만 본질은 변하지 않는다. 반면 관념(개념)은 하나의 본질로 인식된다. 존재하기는 하지만 시대적, 문화적 배경에 따라 바뀔 수 있고 새로워질 가능성이 있다. 연구나 과학 활동을 통해 대다수 사람들이 신뢰하고 인정하는 인식의 틀이 깨어질 때, 발상의 전환이라는 관념적 혁명이 일어난다. 시대와 문화적 배경에 따라 달라지고 새로워진 인식의 틀이 많은데, 그중 하나가 먹는 물이다. '먹는 물은 깨끗해야 한다'는 공통 인식은 변하지 않겠지만, 무의식중에 깨끗하지 못한 것을 깨끗한 것으로 받아들이는 모순을 범하는 것이 관념적 현실이 되고 있다. 이유 같지 않은 이유로 깨끗하지 못한 것을 깨끗한 것으로 대입시키는 이율배반적인 모순을 관념적 인식의 틀에 고정하는 것이다.

초순수는 깨끗함의 결정체이다. 첨단 과학으로도 이보다 깨끗하게 만들 수 없기에 과학 분야에서도 최상의 대우를 받고 있다. 우리가 먹는 물로서도 극진한 대우를 받아야 한다.

초순수는 어떤 물보다도 건강의 보장성이 높은, 기능적 능력을 가진 물이기 때문이다. 하지만 일부 지식층에서 증류수, 초순수는 사람이 먹으면 안 된다는 말들을 한다. 탐욕적인 상업의 각본대로, 보이지 않는 힘이 정신의 틀, 인지 심리에 자리 잡고 있기 때문이다. 합당한 이유가 성립되지 않는 개념이다. 너무 깨끗한 것이 이유라면 더더욱 이유가 되지 않는다. 객관적 관념에서 이유를 찾을 수 있었다. 해 봤어?

초순수의 기술과 방법

순수, 초순수 생산에는 몇 가지 기술이 포함된다.

- 물을 끓여 수증기를 얻는 증류 방식이다. 과거 5~60년대만 해도 증류 방식을 이용했다. 지금은 이용하지 않는, 무덤 속 죽은 기술이다. 증류식은 과정도 복잡하고, 생산량도 적으며 열 손실이 크다는 단점이 있다.
- 직류전기 분해 방식. (과거 러시아에서 주로 사용)
- 냉동 방식. (결빙으로 순수를 얻는 방식)
- 이온교환 방식. (Hcl/NaOH/5%/8% 용액으로, H^2O로, 복상식/혼상식이 있다) 재생에 사용되는 Hcl/NaOH는 실내 환경에 많은 문제가 있다.
- R/O 복합 방식. (현재 대부분의 초순수에 사용되고 있다)
- EDI 방식. 약간의 Polisher 수지를 이용한 전기 분해 방식으로, 얼마간 반복 재생을 할 수 있어 조금이나마 경제적인 효과를 기대할 수 있다.

순수와 초순수는 1·2·3차로 분류는 하지만 학술적으로 정해진 것은 없다. 다만 순도 구분을 위해 수처리 전문 엔지니어들이 주로 사용하고 있다.

1차 순수

과거 5~60년대 실험실과 연구실에서 쓰던 가열 방식의 증류수를 1차 순수라고 한다. EC는 1MΩ/cm/25℃~5MΩ/cm/25℃ 범위, 제약, 식품, 자동차, 통신사, 축전지 등에서 사용한다. 오염되지 않은 빗물도 5MΩ/cm/25℃ 범위에 속하는 순수 수질이다. 청정 하늘에서 내리는 이슬, 안개, 눈, 우박도 5MΩ/cm/25℃로, 1차 순수에 속하는 깨끗한 순수 수질이다. 과거 자동차 배터리 전해액 보충수로 빗물을 사용했다는 사실은 아는 사람은 알고 있다. 증류수와 동일한 수질이기 때문이다. 제약사 정제수는 세균의 시체로 인한 발열체(Pyrogen)를 허용하지 않기 때문에 특수 필터링은 필수다.

2차 순수

양이온(Na)과 음이온(Cl)을 One Bed & Tow Bed에서 HCl, NaOH, 5%/8% 용액, 반응으로 만들어진다. EC는 10MΩ~17MΩ/cm/25℃ 범위다.

3차 순수

3차 순수 EC는 15MΩ/cm/25℃~ 18.275MΩ/cm/25℃급으로 기가급 반도체와 원자력 발전 등에 사용된다. RO, DI, 탈기, 질소에 의한 고도의 기술이 요구된다.

이렇게 순수, 초순수는 전기 전도도의 저항값으로 순도를 나누고 있지만 모두 더 이상 깨끗할 수 없을 만큼 깨끗한 물이다.

과학 기술이 첨단으로 발전함에 따라 수처리(정수) 기술도 첨단으로 병행됐다. 수처리 기술이 병행하지 못하면 아무리 첨단이라고 해도 무용지물이 된다. 초순수가 첨단 과학을 살리는 생명 에너지인 것이다. 즉 순수, 초순수는 첨단 과학의 파트너로 세상을 움직이는 생명선이 된 것이다. 초순수의 역할이 그만큼 중요한 위치에 있는 것이다.

초순수와 과학기술은 떨어져서는 안 되는 파트너십으로, 최상의 대우를 받는다. 초순수는 사람이 마시는 물로도 최상의 대우를 받아야 한다. 반도체, 식품, 의학도 살리지만, 인간에게도 건강과 생명 에너지를 주는 절대적인 물이기 때문이다.

초순수는 과학을 살리는 에너지에서, 이제는 사람들 속에서 함께하며 사람들이 갈망하고 희망하는 건강 에너지로 귀한 대접을 받아야 한다. 건강은 인간들이 그토록 갈망하고 희망하던 소원이고, 초순수는 인간 오복수위선의 수(壽)에 해당하는 '건강 제일부'를 보장하기 때문이다.

완전과 불완전의 차이

인간을 포함한 모든 사물은 불완전하여 문제가 많다. 완전과 불완전의 차이는 무엇인가? 완전함은 문제가 없고, 불완전은 문제가 있다. 결국은 문제가 있고 없고의 차이이다. 문제가 없는 완전함은 단순하고, 깨끗하고, 순수하며 영원하다. 그리고 그 가치는 무궁하다. 문제가 많은 불완전은 불충분, 미완성, 논리적으로 증명이 안 되는, 모순과 오류에 해당되는 것이다. 결국 문제가 있고 없고의 차이는 변함과 불변의 차이이다.

완전하지 못한 인간과 움직이는 기계들은 불완전의 문제로 정해진 수명이 다르게 나타난다. 모두 불완전성 때문이다. 기계는 작은 이물질 하나가 수명에 영향을 준다. 인간도 생로병사의 틀에서 이런저런 문제로 결국은 수명을 맞이하게 된다. 문제를 모두 열거할 수는 없지만 공기와 먹는 물도 여기에 속한다. 먹는 물이 생로병사와 수명에서 문제가 된다면 충격이 아닐 수 없다. 충격이지만 사실이기에 필자는 이 이야기를 하려고 글을 쓰고 있다. '무엇이 문제인가'를 가만히 생각해보라. 먹는 물이 문제인가, 아니면 먹는 물의 이물질 찌꺼기가 문제인가. 물 자체는 완전하지만 먹는 물의 이물질 찌꺼기들이 문제로 작용함에 따라 작은 것 둘이 10년, 20년 쌓이고, 커지면서 결국은 인간의 한계 갈 데까지 가게 된다.
수명의 차이가 발생한다.

우리는 불완전 속에서도 인간영역을 벗어나지 않기 위해, 다시 말하면 죽지 않고 건강하게 오래 살기 위해 과학, 의학을 발전시켜 첨단이라는 말을 앞세운다. 하지만 첨단은 불완전한 인간의 관점에서 첨단일 뿐, 완전과는 거리가 멀어도 한참 멀다. 그럼에도 불로불사를 위해 몸부림치는 것이 우리의 안타까운 현실이다.

그렇다면 세상에 완전한 것은 없는가? 물론 있다. 그것도 세 가지나 있다. 공기와 물, 식품이다.

땅과 대기가 오염되기 전 태초의 공기와 빗물, 식품들이다.

그중 공기와 빗물은 변하지 않고 완전했다는 사실을 누구도 부인할 수 없다. 완전했기에 지상의 생명체들이 주어진 수명을 다할 수 있었다. 하지만 지금은 각종 오염으로 완전하지 못하고, 이물질 찌꺼기로 문제가 되고 있다. 완전했던 물이 변하여 각종 질병에 시달리고 있다. 아는지 모르는지 약봉지와 함께. 불완전의 그늘에서 나타나는 것이 질병이고, 질병에서 수명을 다하지 못하는 것이 오늘날의 현실이다. 먹는 물도 깨끗하지 못하여 완전, 불완전의 관점 사이에서 맞다, 아니다를 논하기는 하지만 알고 모름에서 나타나는 행동의 결과에서는 분명 문제가 발생하고 있다.

완전했던 공기와 빗물은 각종 오염으로 문제를 만들었다. 공기와 물이 순수함을 잃고, 이물질 찌꺼기로 문제가 된 것이다. 물의 완전은 깨끗함이다. 극미의 작고 작은 이물질이 단 한 개라도 있으면 안 된다. 완전과 불완전, 이물질이 있고 없고의 차이는 10년 20년 나이를 더함에 따라 시간이 갈수록 나타나는 결과는 하늘과 땅 차이라고 말할 수 있다.

작은 것 하나가 몸에서 자라고 커지면 문제가 쌓이고 쌓여 나중에는 수명에까지 치명적인 손상을 입는다. 우리는 건강을 노래하고, 건강하게 오래 살고 싶지만 알고 모름에서, 먹는 물속 이물질 찌꺼기가 하나둘 쌓일 때는 감지도 못한다. 그저 자신의 건강만 자랑한다. 앞으로 닥칠 내일 일을 모른다. 지혜롭지 못한 처신이다.

지혜와 지식은 다르다. 앎과 슬기의 차이이다. 앎은 *알* 지(知)로 쓰고, 슬기는 대게 *슬기* 지(智)로 쓴다. 행위의 경우에는 지혜가 지식을 압도하지만, 지혜가 흔들리고 어두워지는 경우가 있다. 이것을 지혼(智混)이라고 한다. 지혼에 흔들려 생명 주기에도 인간 존엄에도 삶의 무게에도 영향이 많다.

발상의 전환에서 나타난 것이 세계 최초 먹는 물 초순수이다. 초순수는 과거 완전했던 빗물을 첨단 수처리 기술로 원상 복원한 물이다. 누가 뭐라고 해도 사실이고 진리라는 것을 과학, 의학, 역사도 인정하는 완전한 물이라는 사실에서 이물질 찌꺼기가 있는 물과는 달리 완전이라는 것에서 문제가 없다. 뿐만 아니라 발생된 문제를 해결하는 능력도 탁월하다. 초순수에 대한 허무맹랑한 헛소리도 있지만, 초순수는 몸에 있는 질병은 몸 밖으로 밀어내고, 들어오는 질병은 못 들어오게 막아내는 역할도 잘한다. 초순수는 인체와 관련 의학, 과학, 이론과 현실 모든 문제를 대입시켜도 완전을 증명할 수 있기에 초순수는 먹는 물로 주어진 자신의 수명을 다할 수 있는 완전한 물이다. 그토록 희망하던 건강 100세, 초순수가 가능하게 할 것이라고 감히 말할 수 있다.

예방의학이 최상이다

나는 살고 싶다. 건강하게 살고 싶다는 것은 인간의 본능이다. 세상에 건강하고 싶지 않은 사람은 없다. 때문에 건강은 행복의 중심에 자리하게 된다. 하지만 우리는 생로병사의 틀에서 어쩔 수 없이 그렇고 그렇게 살아간다. 물고기가 주어진 환경에서 어쩔 수 없이 살아가듯. 질병 하나만 없어도 100세, 200세까지 건강을 누릴 수 있을 텐데. 문제는 질병이기 때문에, 질병을 알고 대처하는 것이 의학의 기본이지만 여기서 이기적인 요법들이 나온다. 상업의 탐욕과 이기에서 인간 존엄은 뒤로 한 채 히포크라테스 선서를 역행하는, 돈과 약으로 덧칠해야 하는 안타까운 세상이 된 것이다.

질병은 오만 가지라고 한다. 그에 따라 치료 방법도, 약도 오만 가지나 있지만, 연구하고, 만드는 일을 멈추지 않는다. 질병은 무엇 때문에, 왜 생기는가?

질병은 내 몸에 허락 없이 들어오는 불청객일 수도 있고, 스스로 불러들이는 손님일 수도 있고, 손님과 함께 따라 오는 손님의 손님일 수도 있다. 불청객으로 허락 없이 들어오는 것은 어쩔 수 없지만, 내가 어서 오십시오! 하고 자리를 내어주는 것은 문제가 된다. 알고도 청하는 경우와 모르고 불러들이는 경우가 있다. 문제를 알고 모름의 차이에서 나타나는 행동의 결과이기도 하다. 알고 모름을 떠나, 질병이라는 존재는 몸에 발을 붙이지 말도록 해야 한다. 질병이 찾아오는 것은 주로 환경 문제이고, 스스로 불러들이는 것은 대개 먹는 입을 통하여 들어오게 된다. 우리는 입을 통해 밥뿐만 아니라 과일, 고기, 술도 먹는다. 입은 복(福)도 들어오지만, 화(禍)도 들락거리는 문(門)이다. 좋은 음식을 잘 먹으면 건강하지만, '먹는 것이 잘못 들어가면 화가 들어온다'는 뜻에서 구시화문(口是禍門)이라고 한다. 구시화문은 물의 미네랄도 해당된다. 질병 역시 입으로 들어오기 때문에 구시화문에 속한다.

누구나 몸속에는 돌들, 즉 결석이 많다. 모두 우리 입을 통해 들어온 구시화문이다. 어느 학자는 '몸의 시끄러운 돌들'이라고 표현한다. 치석, 요석, 담석, 어깨 결석, 이석 등 모두 돌 석(石) 자가 들어가는 결석이다. 우리가 오랜 세월 물을 먹으면서 얻는 미네랄, 영양이 된다는 칼슘, 마그네슘(석회가루)이 하나둘 모여 쌓이고 자라면서 각종 질병으로 이어지게 하는 것이 결석이다. 문제는, 결석들이 생기는 원인을 나이가 들면 자연 발생하는 것으로 잘못 알고 있다는 것이다. 각종 결석 때문에 몸이 고장 나고, 크고 작은 고통이 동반되어 어느 날 갑자기 인간의 한계를 마감하는 일도 종종 보게 된다. 몸에 없어야 할 돌, 결석 이야기이다.

결석들은 왜 생기는가? 태어날 때부터 몸에 돌이 있었는가? 성장하면서 따라 자란, 스스로 존재하게 된 악마인가.

결론은 아니다. 그렇다면 내 몸의 질병의 주범 돌들은 언제, 어디서, 어떻게 왜 생겼는가? 우리는 엄마 뱃속에서 깨끗한 상태로 태어나지만, 살기 위해 물을 마심으로써 결석을 키우게 된다. 결석이 악마 같은 존재라는 사실은 물 공부 좀 해 보면 알 수 있다.

먹는 물의 탄산칼슘은 석회석 돌가루라는 사실을 강조하면서 과학, 의학 전문 종사자들과 세계적으로 이름 있는 분들을 통해 심도 있게 통찰해 본다.

몸의 결석은 먹는 물속 칼슘이라는 석회석 돌가루가 원인이라는 사실에서, 눈에 보이지 않는 작은 미립자, 알갱이가 수십 년 동안 하나둘 모이고 쌓여 직경 1cm에 가까운 돌이 된다는 것을 알 수 있다. 바로 만병의 근원이 되는 결석이다. 하지만 많은 사람들은 몸속 돌을 일종의 노화 현상으로 알고 있다. 노화는 생로병사의 자연법칙에 따라 서서히 진행하지만, 몸속에 돌까지 만들지는 않는다. 몸속 돌은 스스로 만든 결과물이다. 알고 모름에서 나타나는 결과의 차이일 뿐, 노화 현상은 아니다.

질병 치료에는 오만 가지가 있다. 치료는 병이 작을 때일수록 효과적이지만, 더 좋은 치료는 작은 것도 없을 때, 즉 예방이 최상이라고 한다. 그래서 '건강은 건강할 때'라는 말이 나온 것이다. 우리 몸의 돌 치료법도 예방이 최고 중의 최상이라고 할 수 있다. 다시 말하면 먹는 물을 통해 미네랄이라는 석회석 돌가루를 먹지 않는 것이 예방이고 최상인 것이다.

제3장 | 먹는 물의 미네랄은 영양인가 독인가?

미네랄의 실체를 밝히다

미네랄(Mineral)이란 원소(元素) 중에서 유기질을 뺀 광물질(鑛物質)을 총칭하는 말이다. 어원은 중금속(Heavy Metal)이라는 단어에서 파생되었으므로 금속 원소라고 보면 된다. 미네랄은 흙(땅)에도 있고 식품에도 있으며, 물질의 단위 원소이다. 인체에는 칼슘, 칼륨, 마그네슘, 인, 철, 구리, 산소, 질소 등 약 17가지의 원소들이 있다고 한다. 그중에서도 제일 많은 것이 칼슘, 마그네슘이다. 칼슘, 마그네슘은 기능적 미네랄로 분류한다. 미네랄은 무기 미네랄과 유기 미네랄 두 가지가 있는데, 무기 미네랄은 땅속에, 유기 미네랄은 식품에 있는 것이다. 무기 미네랄은 인체가 사용할 수 없는 것이고, 유기 미네랄은 인체에 영양이 된다는 차이가 있다. 우리가 영양으로 먹어야 할 미네랄은 식품에 들어있는 유기 미네랄뿐이다.

이관규천(以管窺天)이라는 말이 있다. 대롱(管)으로 하늘을 엿본다는 뜻이고, 관중지천(貫中之天)은 대롱 속의 하늘이라는 말인데 쓰임

새는 둘 다 비슷하다. 좁디좁은 대롱 구멍으로 하늘을 본다고 하니 그 식견이 오죽하겠느냐는 뜻이다.

우리가 영양으로 먹어야 할 미네랄은 물이 아닌 식품에 있다는 것은 지식이 아니라 상식이다. 무기 미네랄과 유기 미네랄 두 가지가 있으며 무기 미네랄은 흙이나 물에 있고, 유기 미네랄은 모든 식품과 식물에 있다는 것도 잘 알려졌다. 문제 아닌 문제가 문제 되고 있다. 이관규천, 관중지천이다.

유기 미네랄은 식물이 살아있을 때만 유기 미네랄로 식품에 존재한다는 사실은 잘 몰랐던 지식이다. 식물에 있던 유기 미네랄은 식물이 썩으면 무기 미네랄로 환원된다. 식물이 썩어 다시 흙으로 돌아가면 식물 속에 있던 유기 미네랄의 코팅이 벗겨지고, 코팅이 벗겨지면 다시 무기 미네랄로 돌아가기 때문이다. 그래서 땅이나 물에는 유기 미네랄이 없다. 물속 미네랄은 사람이 먹지 못하는 것이고, 식품의 유기 미네랄은 사람에게 영양이 된다. 이것 또한 세계 최초로 밝히는 것이다.

인간과 동물이 생명을 유지할 수 있는 것은 땅(흙)이나 물속의 무기 미네랄이 아니라 식물 속의 유기 미네랄을 에너지로 살아간다. 그렇지 않은가?

다시 말하면 동물과 인간에게 영양 공급은 식물이, 식물에게 영양 공급은 땅(흙)이 한다는 사실은 지극히 상식이지만, 망각일지 망상일지에 대해서는 각자 판단해야 할 몫이다. 인간의 영양과 식물의 영양이 각각 따로 있다는 말이다. 이것은 자연계의 질서와 법칙이다.

유기 미네랄과 무기 미네랄, 꼭 알아야 할 중요한 문제이기에 미네랄에 대해서 물 공부 좀 해 보자. 왜 유기, 무기 하는가. 문제를 알아보기 위해 다양한 문서를 찾아보았지만 어디에도 없었다. 누구도 말하지 못했다. 하여, 필자가 처음으로 밝히는 것이기에 이 또한 *세계 최초*라는 말로 이해 가능한 범위에서 예를 들어 정리해 본다.

유기 미네랄과 무기 미네랄은 한마디로 '코팅이 된 것과 코팅이 안 된 것'의 차이라고 본다. 다시 말하면 무기 미네랄은 홀랑 벗은 알갱이 원소, 유기 미네랄은 옷을 잘 차려입은 귀족 원소라고 예를 들어 보자.

조개는 땅에서 쓸모없이 굴러다니는 작은 돌멩이를 자신의 몸으로 받아들이고, 체액을 이용해 코팅이라는 최고급 옷을 입혀 진주라는 보석을 만든다. 식물도 이와 같은 일을 한다. 뿌리를 통해 땅에서 홀랑 벗은 알갱이 무기원소, 무기칼슘을 끌어올려 수액으로 코팅해 유기 미네랄을 만든다. 조개가 진주를 만들어 인간에게 작은 행복을 선물하듯, 식물은 식물에 의한 유기 미네랄을 만들어 사람에게 생명의 보석을 선사한다. 조개는 단 한 개의 보석을 만들지만, 식물은 인간의 생명을 위해 셀 수 없이 많은 유기 미네랄을 만든다. 이것이 식물에 의한 먹이 사슬의 법칙이다.

식물은 뿌리를 이용해 무기 미네랄을 끌어올려 광합성이나 질소 고정으로 만들어진 유기액을 무기원소에 코팅, 유기화 한다. 비로소 동물과 인간에게 영양이 되는 것이다. 식물은 동물과 인간에게 영양이 되는 유기 미네랄을 충분히 공급하기 위하여 셀 수 없을 만큼 많은 유기 미네랄을 생산한다. 인간과 동물은 식물을 식품으로만 사용해도 미네랄 부족 현상이 없다고 보면 된다. 물론 미네랄 부족은 특별한 이유도 있겠지만 대부분 문제는 다른 곳에 있다. 우리는 왜 물 속 미네랄을 선호하게 되었는가? 이것이 문제다.

미네랄은 대부분 돈과 연결되어 있다. 상업은 돈이 목적이기 때문에 탐욕과 이기와 기만이 서로 앞서거니 뒤서거니 하면서 인간들의 심리를 흔든다. 맞다 아니다를 떠나서 반복하다 보면 진실로 받아들이게 되는 것이 인간의 심리 현상이다. 과거 독일 나치 선전장관 괴벨스의 궤변을 한번 들어 보자.

이왕 거짓말을 하려면 될 수 있는 한 크게 하라. 대중은 작은 거짓말보다 큰 거짓말을 잘 믿는다. 그리고 그것은 곧 진실이 된다. 사람들은 거짓말을 듣게 되면 처음에는 아니라고 하며 두 번째에는 의심하지만, 계속하다 보면 결국에는 진실이라고 굳게 믿게 된다. 거짓과 진실이 적절하게 배합되면 100%의 거짓보다 더 큰 효과를 낸다. 대중에게는 생각이라는 것 자체가 존재하지 않는다. 그들이 말하는 생각이란, 다른 사람들이 한 말을 그대로 반복하는 것일 뿐이다. 독일 나치 선전장관 괴벨스의 괴변이다.

나도 지금 다른 사람이 한 말을 생각 없이 그대로 반복하는 것이 아닌지, 진실과 적절하게 배합된 차원 높은 거짓말이 아닌지 되돌아볼 필요도 있지 않을까.

식물은 땅에서 영양을 얻고, 사람은 식물을 통해 영양을 얻는 것은 먹이 사슬의 자연법칙과 생존 법칙에 해당하며 거짓말이 아닌 진리이다. 땅(흙)속에 무기 미네랄이 지천지로 깔려 있어도 땅의 미네랄은 오직 식물만이 영양으로 사용할 수 있다는 것이 정답이다. 이것이 독립과 종속 영양이다.

– 파스텔 백과사전 참조

또한, 코팅된 유기 미네랄과 코팅이 안 된 무기 미네랄의 차이는 활성과 비활성, 영양과 비영양, 하늘과 땅 차이이다. 극과 극의 차이라고 보는 게 맞다. 동질 원소는 서로 당기는 물리적인 힘이 있어, 코팅이 안 된 동질 원소는 만나면 서로 잘 붙지만, 코팅이 잘 된 원소는 코팅에 의하여 서로 붙지 않고 비켜간다. 코팅이 안 된 동질원소는 서로 잘 붙고, 붙으면 돌이 된다.

살은 살끼리, 뼈는 뼈끼리, 철은 철끼리 잘 붙는다는 원칙이다. 코팅이 안 된 무기 칼슘이 먹는 물을 통해 몸에 들어가면 각종 결석(치석, 요석, 담석 등)이 되는 이유이다. 코팅된 유기 칼슘은 동질 원소끼리도 잘 붙지 않고 비켜가면서 우리 몸에서 자신의 역할을 다 하고, 때가 되면 깨끗하게 몸을 빠져나간다. 몸속에 남는 찌꺼기가 없고, 결석이 될 이유도 없다. 유기 미네랄은 활성화를 통해 몸에서 기능적 영양소가 되지만 무기 미네랄은 몸에서 해(毒)가 되는 결석이 된다. 그러므로 먹는 물의 미네랄은 영양이 아니라 독이라는 것이 결론이다.

태초에 인류가 먹은 완전했던 빗물에 칼슘, 마그네슘 같은 무기 원소들이 있었는가? 아예 없었다. 일 획 한 톨도 없었다. 그래서 우리는 그 시절 완전했던 깨끗한 빗물을 원한다.

우리의 건강을 보호, 보증해 주기 때문이다. 과거 완전했던 빗물을 대신하여 탄생한 것이 초순수이다. 초순수가 인간 인류의 더 나은 건강의 동반자가 될 것이다. 더 이상 깨끗할 수 없는 깨끗한 물이기 때문이다.

미네랄의 기능

미네랄은 인체에 필요한 기능적 영양소다. 신체를 구성하는 기관 요소에서 활력, 조정, 촉진 등의 역할을 하며 몸의 성장과 유지, 건강을 돕고 몸의 균형과 안정적인 삶을 누릴 수 있게 하는 필수 영양소이다.

인체는 약 70%의 수분과 산소, 탄소, 인산, 칼슘 등 약 17가지의 화학 원소로 구성되어 있고 피는 98%가 물이다. 좀 더 세분화하면 보통 사람의 경우 칼슘 2.25g, 인산염 2.50g, 칼륨 1.68g 마그네슘 및 나트륨 2.8g이 있고, 그밖에 약간의 철, 구리, 산소 65%, 탄소 18%, 수소 10%, 질소 3%라고 한다. 일리노이 대학의 세계적인 해부학 교수 할리 먼센 박사가 학계에 보고한 내용이다. 할리 먼센 박사가 말하기를, 성인 몸무게 70kg 중 미네랄 함량은 중간 못 하나 만들 수 있는 양이라고 한다. 그 가치를 돈으로 환산하면 미화 110센트이고, 우리 돈으로 환산하면 약 1,500원 정도밖에 안 된다고 하여 실망스러워하는 학자도 있다.

칼슘의 용도와 생산

칼슘 화합물은 탄산칼슘($CaCO^3$)이며 석회석, 대리석, 굴 껍데기, 산호의 주성분이다. 침강 탄산칼슘이라고 하는 고순도의 합성 탄산칼슘은 의학(제산제, 식품, 칼슘 보충제)과 식품 제조(베이킹파우더)에도 이용된다. 황산칼슘은 주로 지하수에 존재하며 끓여도 제거할 수 없는 단단한 물질이다. 인산칼슘은 뼈와 골회의 주요 무기 성분이다.

칼슘의 용도는 농사용, 시멘트, 페인트, 도료, 유리 제조, 타일, 접착제, 종이, 분필, 및 그 외 식품의 칼슘 보충제로 쓰인다. 치약의 연마제로도 사용된다. 두유 등에도 첨가되지만, 흡수율이 5% 정도로 낮아 많이 먹으면 신장 손상이나 요로결석 등의 문제가 생겨 해롭다고 한다. 때문에 석회가 많은 유럽에서는 석회 제거 세라믹 필터 기술이 앞서 있으며, 물 대신 맥주를 마시기도 한다. 탄산칼슘은 독성이 강해서 몸에 오래 접촉하면 헐거나 물집이 생기는 이상 현상이 발생한다.

이런 칼슘은 용도가 많아 공장에서도 생산한다. 석회석을 약 1,000~1,200℃에서 10~12시간 정도 소성시켜 물을 뿌리면 녹아 회색 가루가 되는데, 이를 소석회, 생석회라고 한다. 농업용, 공업용 등 각종 산업은 물론, 시멘트 원료로도 사용된다. 소석회를 다시 유기산(스테아린 산)으로 중화시키면 백색 가루가 되는데, 이것이 먹는 물 속에 있는 것과 같은 탄산칼슘이다. 신발 공장, 제지, 페인트 등에서 중요하게 쓰인다고 한다. 동굴 속 고드름 같은 종유석, 석순도 지하수에 들어있는 탄산칼슘이 물과 함께 한 방울씩 떨어지면서 만들어낸 천연 예술 작품이다. 이런 무기 원소들이 먹는 물에 있다면 어떻게 될 것인지는 뻔하다. 그래서 먹는 물의 무기 칼슘을 이물질 찌꺼기라고 한다. 초순수에는 무기물 이물질 찌꺼기가 전혀 없다.

칼슘은 필수 영양소인가?

숨은 것보다 잘 드러나는 건 없으며, 작은 것보다 잘 나타나는 건 없다. 이것은 알고 모름에서 나타나는 결과의 차이를 말한다. 내 몸의 칼슘 이야기다.

칼슘에 두 가지가 있다는 것은 잘 알려진 사실이다. 먹을 수 있는 것, 먹으면 안 되는 것, 영양이 되는 것과 독이 되는 것이 있다는 사실을 잊어서는 안 될 것이다. 순수한 유기칼슘은 우리 몸에서 영양으로 사용되고 무기칼슘, 탄산칼슘은 우리 몸에 독이 되는 이물질 찌꺼기일 뿐이다.

무기칼슘이라고도 하는 탄산칼슘은 땅이나 물속에서 천연으로 존재하는, 자연 그대로의 무기염류(無機鹽類)이고 유기 미네랄, 유기칼슘은 식물이 땅속에 무기 미네랄(Mineral)을 영양으로 만들어 보관하고 있을 때와 유기 미네랄을 가진 식물을 먹은 동물에게도 존재하는 것이다. 여기서 중요한 것은 칼슘은 땅속에서는 순수 칼슘으로 존재하며, 지상에 올라오면 탄산칼슘으로 환원된다.

이해를 위해 예를 들면 철, 망간이 있다. 철, 망간은 지하에서 1가 이온으로 존재하다가 지상에 올라오면 산소와 결합하여 수산화제2철로 변환된다. 이것을 화학 용어로 환원이라고 한다. 철이 수산화제2철로 환원되면 부피도 커지고, 무색투명에서 붉은색으로 눈에 띄

게 나타난다.

무기칼슘은 식물만이 영양으로, 사람과 동물은 식물이나 식품을 통해서만 영양으로 사용할 수 있다. 이것이 독립 영양과 종속 영양이다. 사람은 식품이나 식물에 있는 유기칼슘만을 영양으로 사용할 수 있다. 다시마, 우유, 치즈, 시금치, 생선, 콩 제품, 멸치 한 마리에도 질 좋은 칼슘이 들어있다. 이렇게 식물, 식품이 질 좋은 유기 미네랄을 충분히 보유하고 있는데, 왜 먹는 물에서 영양을 찾는지 이해할 수 없다. 이런 이유에서 물의 미네랄은 이물질로 분류된다. 몸의 미네랄은 식품에서, 이물질 배출은 초순수가 한다.

우주 만물은 질서라는 법칙에서 움직인다. 자연계와 생물계도 질서의 법칙에 따라 생명을 유지한다. 무질서는 혼란과 파괴뿐이다. 과학, 의학이 존재할 수 있는 것도 질서 덕분이다. 그렇지 않은가?

인체는 정교하게 설계된 질서로 유지되기 때문에 의사들은 환자에 대한 진단과 치료, 수술이 가능하고, 약을 만들 수 있고 처방을 할 수 있다. 인체뿐만 아니라 움직이는 모든 만물의 구조는 질서로 돌아가고 있기 때문에 과학, 의학, 첨단이 가능한 것이다. 우리 인체도 질서라는 프레임에 설계되어 있다. 무기 미네랄은 몸에 질서가 아닌 혼란의 대상이다.

생태계 먹이 사슬의 법칙 안에도 질서가 있다. 생물들이 법과 질서 안에서 생명을 유지하는 것을 순천자존(順天者存)이라고 한다.

동·식물은 자연의 질서와 법칙에 따라 창조, 설계되었지만, 사람은 사랑, 공의, 능력, 지혜와 함께 스스로 선택할 수 있는 자유의지 기능이 주어졌기 때문에 법칙과 질서에 순종할 수도 있고, 순종하지 않을 수도 있다. 순종하면 건강과 생명에 이상 신호가 없지만, 불순종의 반기를 들면 건강뿐만 아니라 생명에도 이상 현상이 나타나 결국은 지구를 떠나야 할 지경에 이른다. 물론 누구나 지구를 떠나는 것이 일반적이지만, 그래도 건강하게 100세 정도는 누리는 것이 우리의 소원이고 오복수위선의 수(壽)에 해당한다.

식물은 땅에서 영양을 얻고, 동물은 식품에서 영양을 얻는 것이 자연의 질서고 법칙이다. 배가 고프면 밥을 먹어야 하고, 잠이 오면 잠을 자야 하고, 추우면 옷을 입고, 비가 오면 우산을 쓰는 것이 자연에 순응하는 것이다. 이를 거역하면 몸이 힘들어한다. 이것을 역천자망(逆天者亡)이라고 한다. 자연을 거스르면 지구에 살 자격이 없으니 지구를 떠나야 한다는 말이다. 지구를 떠나기 전에 생기는 것이 질병이고, 질병이 오기 전에 예방하는 것을 지지지지(知止止止)라고 한다. 노자 도덕경에 나오는데, 지지(知止)는 그쳐야 할 때 그쳐야 한다는 말이다. 멈춤을 알고 멈추면 위험을 비켜갈 수 있는 것이 또한 지지(止止)이다. 아직도 먹는 물의 미네랄은 영양이 된다고 억지를 부리는 사람이 있어서 하는 말이다. 관중지천(貫中之天)에서 벗어나야겠다.

상업은 오직 이익을 위한 탐욕과 기만이 대세 조직이다. 만든 상품은 절대 조건으로 팔아야 하고, 팔기 위해서는 배수의 진을 쳐야 한다. 팔지 못하면 바로 회사 문을 닫아야 하기 때문이다. 우리는 그동안 '미네랄은 영양'이라는 말을 광고와 언론을 통해 많이도 들었다. 일부 지식인들과 먹는 물 전문가라는 사람들도 자신의 직함을 걸고 누가 써준 원고대로 목청을 높여 왔다. 상업에 의해 오랜 세월 들어 왔기에 이제는 그것이 진짜라는 망상에서 벗어나야 한다. 하지만 벗어날 수 없는 지경의 경(도徒)으로 각인되어 버린 것이 현실이다. 계속해서 지지(知止)하고 지지(止止)해야 한다.

나치 독일 괴벨스의 괴변도 여기에 속한다.

사행호시(蛇行虎視)라는 말이 있다. 인생을 살면서 스쳐 가는 슬픈 광경을 해학적으로 엮은 글이다. 게를 삶는데 솥 안에서 게가 달그락거리는 소리를 낼 때 어찌 슬프지 않겠는가! 처마 밑에 거미줄이 분명하게 있건만, 어리석게도 여기로 뛰어든 파리와 모기가 벗어나려 해도 벗어날 수 없으니 어찌 슬프지 않겠는가! 뱃속에 든 아기나, 강보에 싸인 아이나 백 년도 못 되어 흙으로 돌아갈 텐데 어찌 슬프지 않겠는가! 어찌해 볼 수 없으면서 아무렇지도 않은 듯 말할 때 어찌 슬프지 않겠는가!

끓는 냄비 속에서 달그락대는 집게발, 거미줄에 걸린 파리와 모기의 체념, 태어나지도 않은 아이가 썩어 흙이 되는 세월, 어찌할 수 없어 도리어 초연해지는 간난(艱難)이다. 이런 광경은 슬프기는 해도 감내할 만하다.

분명한 것은 물속의 칼슘은 자연을 거스르는 역천(逆天)이다. 동물과 인간에게 영양을 공급하는 일은 오직 식품만이 하고, 식물에 영양을 공급하는 일은 오직 땅이 한다는 것이 자연의 법칙이다. 식물의 영양과 동물의 영양이 따로 있음이 분명하지만, 굳이 물에서 영양을 얻는다는 발상은 자연을 거스르는 역천이기에 순천자망의 사행호시가 어찌 슬프지 아니한가!

몸속의 불편한 결석들

1937년 12월 20일, 미국연방 대법원은 의미 있는 판결을 내렸다. 수사기관이 불법 사찰을 도청한 내용을 근거로 기소한 사건에서 "불법으로 수집된 증거는 인정할 수 없다"고 선언했다. "위법한 방법의 직접 사용을 금지하면서 간접 사용에는 제한을 가하지 않는다면 이는 윤리적 기준에 어긋나고 개인의 자유를 파괴할 수 있다"고도 판시했다. 독수(毒樹)의 과실(果實)(Fruit of the Poisonous Tree)이란 용어가 최초로 사용된 판결이다. 이 판결은 오늘날 형사사건의 판결잣대가 되었다. 독이 든 열매는 자극적이고, 결석의 불편한 진실도 독수의 열매와 같은 맥락이기 때문이다.

결석(結石, Calculus)이란 몸속에서 자라는 돌들을 총칭하는 말이며, 신체 위치에 상관없이 발생할 수 있고, 몸에서 수많은 질병을 일으킬 수 있다. 결석의 대표적인 것은 치석, 요석, 담석, 혈석, 어깨 결석, 편도결석 같은 것이지만 부위별로 눈, 코, 입, 귀, 목, 어깨, 쓸개, 위, 신장 등 어느 곳에서나 발생한다. 결석은 무기염(칼슘, 마그네슘)과 같은 물질이 응집하여 만들어지는데, 이를 결석증이라고 부른다. 눈에는 결막결석, 귀에는 이석, 입에는 타석, 목에는 편도결석, 쓸개는 담석, 위에는 위석, 얼굴에는 결막결석 등으로 나타난다고 한다. 치석은 그리스어에서 비롯된 것으로 석회암이라는 용어에서 기원했으며, 다양한 종류의 돌에 대한 용어로 사용되었다고 한다. 이것은 18세기 인체와 동물체에 생기는 결석으로 미네랄 등에서 발생하는 것을 의미한다. 한편 Tartar의 경우 그리스어가 기원이지만 19세기 초 치아의 인산칼슘에 대한 용어로 쓰이게 되었다.

치석 : 비유기(미네랄) 및 유기 성분으로 이루어져 있다. 미네랄 성분의 치석은 치아의 위치에 따라 약 40~60%에 걸쳐있으며, 주로 4개의 주요 미네랄 성분으로 이루어진다.

어깨결석 : 관절 힘줄에 칼슘 퇴적물이 침윤되는 석회석 건염으로, 주로 30세 이상 남성에게 발생한다. 어깨를 움직일 수 없을 정도로 극심한 통증 발생이 주요 증상이다.

담석증 : 쓸개에 돌이 생기는 것을 말한다. 주요 증상은 통증과 오심, 구토, 발열, 오한 등이다. 통증이 심할 경우 담낭 절제수술 같은 수술을 시행한다.

신장결석 : 콩팥에서 결석이 발생해 요로 결석으로 나타나는 질병

이다. 이외에도 맹장염을 유발할 수 있는 분석은 딱딱한 변이 뭉쳐 만들어지고, 재발률이 높은 요로결석은 신장과 방광에서 배설하지 못한 칼슘, 마그네슘 등이 결합해 만들어진 결석들이다. 눈에 돌이 생기는 결막결석은 안구보호를 위해 분비되는 점액 성분과 상피세포가 석회화로 주로 눈꺼풀에 생겨 다래끼로 오인되는 경우가 많다. 눈을 깜빡일 때마다 까끌까끌한 느낌 때문에 안구 건조증으로 오인하는 경우도 있다.

– 출처: 위키 백과

우리 몸에 생기는 각종 결석의 주요 물질은 석회석 돌가루이다. 칼슘, 마그네슘은 98% 이상 먹는 물에 존재하고, 몸에 들어오게 되는 통로도 입이 유일하다. 밥과 반찬을 만드는 과정에서 사용하는 물 때문일 수도 있지만 주로 마시는 음료, 음용수를 통해 들어온다. 먹는 물병에 표시된 칼슘과 마그네슘의 함량은 곧 석회석 돌가루의 분량을 의미한다. 먹는 물 수질 기준에는 경도라고 표시되어 있는데 이는 칼슘, 마그네슘을 총칭하는 말이다. 몸에 필요한 미네랄은 식품을 통해서만 얻을 수 있다. 유기 미네랄과 무기 미네랄, 먹을 수 있는 미네랄과 먹을 수 없는 미네랄의 구분이 분명하지 않은 게 아쉽다.

먹는 물에서 얻는 미네랄은 각종 질병의 초석이 되고, 몸을 힘들게 하며, 독수의 열매와 같은 존재다. 작은 석회석 가루가 오랜 세월 동안 몸속에 하나둘 모여 돌이 되고, 돌들이 몸을 힘들게 하다가 어느 날 갑자기 밤새 안녕하는 사례가 종종 있다고 한다. 알고 모르는 것에는 차이가 없지만, 그로 인한 행동 시에는 크고 작은 결과가 나타나기 때문에 우리는 물 공부 좀 해야 한다. 무엇과도 바꿀 수 없는 나와 가족의 건강을 위하여!

혈관은 건물 배관과 유사하다

'고사관수(高士觀水)라는 제목의 문인 화가가 있다. 뜻이 높은 선비가 물을 관조하다'는 뜻이다. 그림을 보면 어느 선비가 바위 언덕에 엎드려 턱을 괴고 한가하게 흘러가는 냇물을 바라보고 있다. 마음이 한가해야만 이처럼 흘러가는 물을 바라볼 수 있어 '한사관수(閑士觀水)'라고도 한다. 흘러가는 물을 한참 바라보면 바쁘던 마음도 한가해진다. 마음이 한가한 사람은 옛날이나 지금이나 모두 '고사(高士)'라고 부르기도 했다. 마음이 한가해지려면 물을 봐야 한다. '마음이 한가하니 정신의 활동이 오히려 왕성해진다.'라는 뜻의 '심한신왕(心閒神旺)'도 참고할 만하다.

지구에 살아있는 생물과 작동하는 모든 것에는 한정된 생명주기(Life cycle)가 있다. 생명체가 아닌 건물도 마찬가지다. 물리학의 열역학 제2법칙과 유사점을 통찰해 본다.

현 세상은 100세 시대라고 한다. 자신도 백 세를 산다고 생각할지 모르지만 2020년 통계청 조사 결과에 따르면, 80세가 되면 100명 중 70명은 사망한다고 하니 모두 100세를 사는 것은 아니다. 80세까지 사는 것도 축복이라고 하지만 각종 질병과 함께 피곤한 삶을 사는 것이 과연 축복일까?

무엇이 문제인가?

주택을 건축할 때는 좋은 재료로 튼튼하게 지어야 수명이 오래간다. 하지만 건물을 아무리 잘 지어도 배관에 문제가 생기면 건물의 수명도 다하게 된다. 건물 수명을 좌우하는 것이 배관이기 때문이다.

건물 배관은 사람의 혈관과 같은 중요한 부분이다. 건물 배관이 오래되면 슬러지 같은 스케일(Scale)이 생기고, 스케일은 배관의 물 흐름을 방해한다. 흐름이 방해받으면 압력은 높아지고 수량은 적어진다. 이런 현상이 오래 지속되면 배관이 막혀 물이 안 나오거나 약한 부분이 파열된다. 이쯤 되면 건물의 수명도 다하게 된다. 이것을 건물의 라이프 사이클이라고 한다. 건물 배관은 일부 수리 가능하지만, 전체 배관은 불가능하다. 이쯤 되면 건물의 수명도 다하게 된다. 건물 배관 청소에는 샌드 브러싱(Sand Brushing)이라는 기술을 이용한다. 금강석 모래를 압축 공기와 함께 배관 속으로 고압 펌핑(Pumping) 하면 건물 배관 전체를 청소하여 건물 수명을 어느 정도 늘릴 수 있지만, 사람의 혈관 청소에는 아직 이런 기술은 없다고 한다. 기껏해야 스텐트 시술이 한계다.

사람의 혈관과 건물 배관의 유사점이다. 사람 혈관에 혈전이라는 피떡이 생기면 피의 흐름은 약해지고, 심장은 압박을 받아 혈압이 높아지며, 심하면 혈관이 파열되기도 한다. 배관처럼 부분 수술은 가능하지만, 몸 전체 혈관 재생이나 청소는 불가능하다. 생명주기(Life Cycle)도 다하게 된다.

배관 스케일의 원인은 주로 칼슘과 마그네슘 즉 석회서 돌가루가 주범이다. 이를 방지하기 위하여 연수기를 설치한다. 연수기를 설치하면 배관 수명은 배로 늘어나지만, 초순수를 쓰면 배관 수명이 다할 때까지 스케일은 없다. 원자력 발전소의 초고압 배관에 초순수를 사용하는 이유이다.

스케일은 배관 금속과 금속 원소들의 전해 차와 함께 유기화합물이 합류하면서 생긴다. 배관 속에서 스케일은 부드럽고 말랑말랑하지만, 공기 중에 노출되면 돌같이 굳는다. 딱딱한 석회질 칼슘과 마그네슘 때문이다. 혈전의 원인도 칼슘, 마그네슘이라는 사실이 각종 언론에서도 알려지고 있다.

먹는 물의 석회석 알갱이가 모이고 쌓이면 혈관 질환에 문제가 생긴다는 것이다. 건물 배관과 마찬가지로 인체 혈관 역시 석회석 칼슘이 생명주기에 중대한 영향을 끼치는 원인 물질이기도 하다. 건물도 그러하지만 사람도 그러하다.

건물 배관 스케일과 사람의 혈관 혈전을 방지하는 방법은 먹는 물 초순수가 유일하다.

혈관 혈전의 발생을 막기 위해서는 칼슘, 마그네슘을 먹지 말아야 한다. 몸에 꼭 필요한 칼슘은 우유나 멸치, 다시마 같은 식품에서 얻으면 된다. 석회석 가루는 치석도 되고 담석, 요석, 혈석, 혈관 질환이라는 몸속 시끄러운 존재다.

T.D.S 수질 측정기

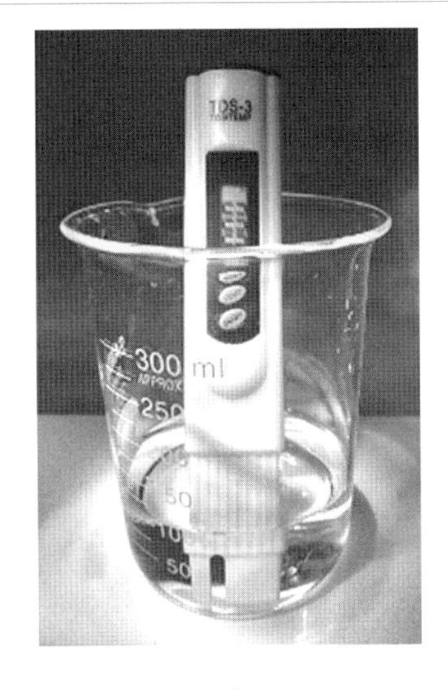

그림-1

T.D.S-1(초순수 0.00ppm)

그림-2

T.D.S-2(초순수 외 모든 물)

측정기에서 숫자는 대부분 경도(칼슘, 마그네슘)이다

초순수 외 모든 물은 최소 0.05ppm~최대 250ppm까지 나오는

데, 이 숫자 대부분 경도(칼슘, 마그네슘)라고 본다. 이유는 115page 의 **'먹는 물의 경도란'**에서 자세히 설명. '수기엔텍'은 초순수 사용자들에게 세계 최초 수질 측정기를 제공, 내가 무슨 물을 먹는지 얼마나 좋은 물을 먹는지 그동안 몰랐던, 그러나 꼭 알아야 할 알 권리를 제공한다.

알고 모름에서 나타나는 결과의 차이는 질병과 건강이다.

제4장 | 먹는 물의 기준과 표준

깨끗한 물의 정의

천자는 '바른말로 간쟁(諫諍)하는 신하가 일곱 명만 있으면 아무리 무도해도 천하를 잃지 않고, 제후는 다섯 명만 있어도 그 나라를 잃지 않고, 대부는 그런 신하가 셋만 있어도, 사(士)는 바른말로 일깨워 주는 벗만 있어도, 아비는 바른말 해주는 자식이 있다면 몸이 불의한 일에 빠지지 않게 된다'고 했다. [효경 간쟁(諫諍)]에 나오는 내용이다.

이 시대에 깨끗한 물을 간하는 것도 간쟁이 아닌가. 감히 함부로 발설할 수 없는, 사자 같은 기득권층이 있기에!

간쟁(諫諍)은 '깨끗한 물이란 더러운 것이나 불순물이 섞이지 않은 맑은 물'이라고 우리말 사전에 정의되어 있다.

어느 고승이 한 '산은 산이요, 물은 물이다'라는 말도 여기에 속한다고 본다. 물에 외적인 무엇이 들어있다는 것은 불순물이며, 진실로 깨끗한 물이 아니라는 뜻이다. 그렇지 않은가?

지금 내가 먹는 물은 어떤 물인가를 자문해 보라. 물속에 무엇이 들어있는지, 아무것도 들어있지 않는 깨끗한 물인지! 무엇이 들어있다면 그것은 먹는 물 수질 기준에 속하는 것들이고, 그중 대표적인 것이 탄산칼슘일 것이다.

칼슘(Ca)은 산소가 없는 땅속, 지하수에서만 존재하고, 지상에 올라오면 CO^3와 결합하여 탄산칼슘($CaCO^3$)으로 환원된다. 환원이란 무엇인가?

예를 들어 쉽게 알아보자. 철과 망간은 지하에서는 대부분 공존하며 백색의 투명한 1가 이온으로 존재하다가 지상에 올라오며 공기에 노출됨으로써 수산화 제2철로 환원된다. 주로 광산 지역이나 해수 매립지에 용출, 대부분 공존한다. 환원되면 철은 붉은색으로, 망간은 약간 검은 색으로 변하면서 붉은색의 철분과 검은색의 망간이 혼합되어 검붉은 색으로 나타난다. 철분이 많은 지하수를 퍼 올리면 처음에는 무색이지만, 3~4시간이 지나면 점점 붉은색으로 변한다. 1가 이온에서 수산화 제2철로 환원되는 과정이다. 철분이 많은 지역에는 50ppm까지. 이 정도면 물 색깔은 노을 같은 붉은색을 띤다.

칼슘, 탄산칼슘도 이와 같은 조건 환원이다. 순수한 칼슘은 눈에 보이지 않게 무색투명했다가, 환원되면 회백색의 침전물이 된다.

물속의 탄산칼슘, 마그네슘은 석회석 돌가루이기 때문에 이를 경도라고 하고, 경도가 많은 물을 경수, 즉 센물이라고 한다. 경도가 높은 물을 땅에 뿌리면 백색 가루가 남는데, 이것이 무기 광물성 석회석 가루라는 사실을 알 수 있다. 지하수에서 존재하던 칼슘이 지상으로 올라오면 탄산칼슘이 되고, 탄산칼슘은 동굴 속 종유석이나 석순 등의 천연 예술작품으로 나타난다. 우리가 먹는 물에도 얼마간 존재하는 미네랄은 대부분 탄산칼슘이다. 이런 것을 영양이라고 하는 게 맞는 말인가? 이해의 폭을 좁혀봐도 아니라는 것쯤은 삼척동자도 알 수 있다. 이것은 대단히 중요한 문제이다. 나와 가족의 건강과 직결된 문제이기 때문이다.

먹는 물에 아무것도 없이 깨끗하다면 미네랄이 좋다, 나쁘다라는 불필요한 논쟁은 없겠지만, 물질들이 존재하기에 문제가 되는 것이다. 세계적으로 유명한 책이나 강의에서 물을 약처럼 하루에 몇 리터, 몇 잔을 언제, 어떻게 먹어야 한다고 알려 주지만 그림의 떡일 뿐이다. 실행할 수 없는 말들이다. 제일 중요한 '어떤 물을 먹어야 된다'는 말을 한 사람은 없었다. 그들이 물 전문가가 아니라는 것이 문제이다. 하지만 미국의 폴씨 브래그 의학박사는 물 전문가는 아니지만, 증류수가 최상의 물임을 알고 미국과 선진세계에 증류수를 보급했다. 그는 증류수를 자신의 불치병 환자뿐 아니라, 모든 사람이 먹어야 할 최상의 물이라는 사실을 알리고자 앞장섰던 유일한 사람이다.

백과사전에는 독립 영양과 종속 영양이라는 말이 있다. 독립 영양은 식물의 영양이고, 종속 영양은 식물에 의한 동물의 영양이라고 한다. 식물의 영양과 동물의 영양이 따로 있다는 말이다. 식물이 땅(흙)속 칼슘을 스스로 취해 영양으로 사용하는 것을 독립 영양이라고 하고, 땅(흙)속과 물속의 칼슘, 마그네슘, 철, 망간 어느 것이든 동물과 사람이 식물을 통해서만 영양을 얻을 수 있는 것을 식물에 의한 종속 영양이라고 정의한다.

생각해 보라. 칼슘 부족으로 석회석 돌가루를 먹는다고 부족한 칼슘을 채울 수 있는가? 철분이 필요하다고 녹슨 쇠를 빨아 먹어도 철분은 보충되지 않는다. 그렇게 먹는 돌가루와 철분(쇠가루)은 몸을 해롭게 하는 독이 될 뿐이다.

식물이 뿌리를 하늘에 올려 산소를 영양으로 하지 않고, 땅에 뿌리를 내리는 것도 칼슘을 영양으로 사용하기 위함이다. 동물과 사람은 먹이사슬 법칙에 따라 식물을 식품으로 사용하여 생명과 건강, 성장 발육의 영양으로 사용하게 된다. 이것을 독립영양과 종속 영양이라고 한다.

사람이 무기 미네랄을 먹으면 어떻게 될까?

당연히 문제가 발생한다. 몸에 결석(돌)들이 생기기 때문이다.

결석이란 무엇인가? 우리 몸에는 치석, 담석, 요석 등의 돌석(石)이 많은데, 이를 총칭하여 결석이라고 한다. 결석들이 생기는 원인은, 먹는 물속의 무기 광물질 석회 가루 때문이다. 불교에서는 사리라고 하지만 과학은 분명 돌이라고 한다.

세계보건기구(WHO)에서 발표한 하루 먹는 물 권장량 2.5 리터에 들어있는 미네랄을 평생 먹으면 그 양은 얼마나 될까? 물마다 함량이 다르기는 하지만, 꽤 많은 양이 될 것이다. 하지만 세계보건기구(WHO)에서 정한 먹는 물 기준은 미네랄이 들어있는 물이 아닌 증류수가 표준이다.

미네랄이라는 알갱이가 하나둘 10년, 20년 몸에 쌓이면 큰 돌들이 된다. 우리 몸이 투명하여 몸속을 들여다보거나, 몸을 해부하거나 화장(火葬)을 하면 나오는 돌들의 양은 상상을 초월한다고 한다. 수술 후 공개된 사진에서도 볼 수 있고, 포털 사이트 검색창에서도 볼 수 있다.

결석은 석회석 가루가 만든 돌덩어리다. 미네랄 돌가루가 들어있는 물을 수십 년간 섭취하면 자신도 모르는 사이 돌가루가 쌓여 결석이 되고, 돌들이 몸속을 돌아다니면서 몸을 힘들게 하고, 고통이 동반되다가 때가 되면 밤새 안녕하는 사례도 종종 있다고 한다. 문제는 여기서 끝이 아니다. 석회는 어깨 결석, 혈관 질환, 심장 질환, 뇌경색 등에도 문제가 된다고 각종 언론에서 보도했지만, 대부분의 사람들은 알지 못하거나, 알아도 나이가 들면 자연적으로 발생하는 노화현상 취급하며 무시해버린다. 결석의 원인은 노화 문제가 아니라 물속의 미네랄이다.

결석과 노화는 관련 없다는 것을 알아야 한다.

이것은 상식이다. 결석은 모든 사람에게 있다. 노화에서 오는 것이 아니라 살기 위해 먹는 물 때문이다. 어떤 물을 먹느냐에 따라 결석이 많고 적음의 차이가 있을 뿐이다. 해결 방법은 태아에서부터 일생 동안 미네랄이 없는 물을 먹으면 된다.

미네랄이 없는 물, 빗물을 내려 주신 것은 하늘의 축복이었다. 몸의 결석은 빗물을 멀리하면서 나타나기 시작한 것이다. 빗물을 대신한 것이 초순수이다. 미네랄이 없는 증류수, 초순수가 해답이다. 초순수는 문제를 만들지도 않고, 문제 해결도 잘한다.

세계적으로 유명한 의사들은 몸속 돌들을 시끄러운 존재라고 한다. 독립영양과 종속영양은 자연법칙에 해당한다. 결석은 자연법칙을 어기면서 생기는 것이다.

법칙과 질서를 어기면 어떻게 될까?

자연에 순종하는 것을 순천자존(順天子存)이라고 하고, 자연을 거스르는 것을 역천자망(逆天子亡)이라고 한다.

자연에 순종하며 살고, 자연을 거스를 시 지구를 떠나야 한다는 말이다. 지구를 떠나기 전에 나타나는 현상이 바로 각종 질병이다.

물의 순환과 성질

물의 화학명은 H^2O이다. 수소 원자 두 개와 산소 원자 한 개. 이들은 응집력에 의해 사슬, 고리 모양으로 연결되어 있다. 두 원자가 전자를 공유하고 결합하여 만들어진 것이 물이다. 물의 형태는 약간 굽은 사슬형, 고리형, 육각형, 오각형이 있다고 하지만 정확히 확인된 것은 아니기에 유사과학적인 이론이나 추측에서 그칠 뿐이다. 물방울은 응집력에 의한 단위 무게이며, 물의 응집력으로 동물과 식물이 생명을 유지한다.

식물은 뿌리에서 물을 흡수하고, 줄기를 통해 잎으로 보내고, 잎에서는 햇볕에 의해 물 소비가 일어난다. 물이 식물의 혈관이라고 할 수 있는 물줄기를 타고 올라가는 원리는, 응집력 때문이다. 물의 응집력은 사슬 같은 고리, 또는 밧줄의 당김에 의하여 올라간다. 다시 말하면 나무의 잎에서 태양열에 의해 수분이 증발됨에 따라, 증발되는 만큼 밧줄 같은 고리로 연결된 물이 혈관 같은 통로를 통해 위로 당기면서 물줄기가 위로 끌려 올라가게 된다. 물줄기는 뿌리에서 잎까지 이어진 채 시간당 60m 속도로 이동할 수 있고 3.2km 높이까지 오를 수 있다고 한다.

태양열에 의해 나무의 잎에서 수분이 증발하는 것을 물의 증산 작용이라고 하는데, 증산작용에 따라 지구에 수십, 수백억 톤의 물이 재순환되어 공중으로 올라가고, 올라간 물이 비가 되어 땅에 떨어지고를 반복하는 것을 식물에 의한 물의 순환과정이라고 한다.

푸른 잎들은 태양 에너지와 공기 중의 이산화탄소를, 식물 뿌리에서 공급하는 물을 이용해 당분을 만들어 내고 산소를 방출한다. 이것은 엽록체라고 하며, 세포에서 일어난다. 광합성 작용에는 약 70가지에 달하는 별개의 화학 반응들이 관련되어 있다고 하지만, 과학자들은 아직도 온전히 이해하지 못하고 있다고 한다. 식물의 생명도 신의 영역이기에 인간은 알 수 없고, 알아서도 안 된다는 이유 때문이다.

대기의 공기는 산소 21%, 질소 78%, 기타 기체 1%의 비율로 희석되어 있다고 한다. 78:22라는 황금 비율이다. 질소는 불활성 가스이기 때문에 불이 나면 화재 확산을 억제하는 역할을 한다. 대기 중에 질소가 작거나 없다면 지구는 화재로 모두 소각되어 버릴 것이다. 질소는 전 세계에서 매일같이 일어나는 천둥 번개와 산소가 결합하여 생긴 화합물이다. 비를 통해 지상으로 내려오며, 식물들은 질소를 제1영양으로 사용한다. 대기 중 1%도 안 되는 이산화탄소는 식물들이 생명을 유지하는 데 필요한 필수 기체다. 식물은 이산화탄소를 이용하고, 대신 산소를 내보낸다. 잎은 중요한 아미노산을 만들기 위해 땅에서 추출한 질산염과 아질산염을 필요로 한다. 아질산염 얼마의 양은 번개와 단독 세균에 의하여 흙 속에 들어가게 된다. 또 적당량의 질소화합물은 완두콩, 크로버, 강낭콩과 같은 콩과 식물들의 뿌리 속으로 들어간 특정 세균에 탄수화물을 마련해 주고, 박테리아가 흙 속의 질소를 유용한 질산염과 아질산염으로 변화시켜 고정한다고 한다.

먹는 물의 기준과 표준

생명 유지와 건강을 위해 먹는 물이 건강을 좌우한다는 중요한 사실을 알려면 좋은 물과 나쁜 물에 관한 지침과 표준도 있어야 하고, 지침과 표준이 무엇인지도 알아야 하지 않겠습니까? 이것은 대단히 중요한 질문이다.

먹는 물은 건강과 생명 유지를 위한 절대적인 것이기 때문에 음식과는 달리(음식은 좋고 나쁜 이유를 충분히 알고 먹는다) 확실하게 알지 못하고 먹는 것이 문제가 된다. 그렇지 않은가? 주위 사람들에게 물어보았다. 지금 신중하게 선택하여 먹고 있는 물의 기준과 표준을 알고 먹는지. 이도 저도 아니면 더욱 곤란하다. 알고 모름의 결과에는 분명 차이가 나타나기 때문이다. 내 몸에서, 질병으로! 아는 것이 고작 어느 유명한 산에서 나온 물, 신제품, 미네랄 있는 물인가? 미네랄이 무엇인지도 모르면서 미네랄이 없으면 죽은 물이라고까지 한다. 미네랄의 대표는 칼슘이고, 칼슘은 석회석 돌가루이며, 석회석 가루가 우리 몸을 힘들게 하는 결석의 원인이라는 사실을 아는지 모르는지! 전자제품 하나도 용도와 작동 원리를 알고 쓰는데, 천금과도 바꿀 수 없는 자신의 몸은 오죽하겠는가?

현재 우리가 먹는 물의 수질 기준은 나라에서 법으로 정한 것이 유일한데, 바로 수돗물 기준이다. 이 기준에 속하는 것은 모두 사람이 먹어서는 안 되는 이물질 찌꺼기들이다. 법으로 보장하기에, 법적으로는 가장 안전한 물이다. 하지만 문제가 있어도 문제에 대한 보장은 없다. 수인성을 우선하기 때문이다.

세계 최초 먹는 물의 표준 제시

먹는 물의 표준과 기준은 이유 없이 첫째도, 둘째도, 셋째도 무조건 깨끗해야 한다. 더도 덜도 없다.

이것이 먹는 물의 표준이다.

깨끗한 물의 표준은 누가 뭐라고 해도 빗물이다. 청정 하늘에서 내리며, 수천 년 동안 인류가 먹었던 빗물이 깨끗함과 먹는 물의 표준이라는 사실은 누구도 부인할 수 없다.

빗물에 대해 공부를 좀 더 해보자. 빗물은 태양열에 의해 하늘로 증발하였다가, 다시 땅으로 내려온 물이기에 증류수라고도 한다. 필자는 실험실에서 증류수와 빗물을 같은 조건에서 측정해보았다. 전기 전도도(Electrical Conductivity)가 5MΩ으로 빗물과 증류수는 같은 수질임을 확인했고, 물속의 총 고형물 T.D.S(Total Dissolved Solids)도 ppm 단위 '0(Zero)'이 라는 것도 확인했다. 이것이 깨끗한 물, 먹는 물의 기준과 표준이다. 기준에서 멀어지면 멀어질수록 나쁜 물이, 가까우면 가까울수록 좋은 물이 된다는 공식이다.

'참고' 먹는 물 수질에 대한 이해

전기 전도도(EC)는 숫자가 올라갈수록 좋은 물이고, T.D.S는 숫자가 내려갈수록 좋은 물이다. 다시 말하면 빗물과 초순수 EC는 5.0~18MΩ/cm, T.D.S는 숫자가 없어야 한다.

현재 대부분의 사람들이 먹는 물에는 법으로 정한 수질 기준이라는 이름으로 미네랄이라고 하는 기타 이물질이 들어있다.

깨끗한 물 표준에 대입시켜 좋은 물인지, 아닌지 판단하는 건 각자의 몫이다. 그래서 물어보았다. 자신이 먹는 물, 좋은 물이라고 선택한 이유를. 그러나 지식인들마저도 이유다운 이유를 설명하지 못한다.

반면 초순수는 어떤 물인지 설명할 수 있는가? 초순수는 빗물, 증류수보다 조금 더 깨끗한 물이기에 먹는 물 표준 이상이 된다. 초순수는 깨끗함의 대명사로 불린다.

그러면 좋은 물인가, 나쁜 물인가?

너무 깨끗해서 문제가 되는가? 아니면 더욱 좋은 물인가? 깨끗한 물, 좋은 물에 대한 자료와 이유는 끝없이 많지만 나쁘다는 것은 단 하나도 없다.

필자는 초순수 수질도 측정해 보았다.

EC(Electrical Conductivity)는 18MΩ/cm/25℃로, 5MΩ/cm/25℃ 증류수보다 깨끗한 물임을 확인할 수 있었다. 물속 총 고형물 T.D.S(Total Dissolved Solids)도 P.P.B(Parts Per Billion) 단위에서 '0'(zero)이다. 백만 단위가 아닌 10억 단위에서도 '0'이다. 이물질 찌꺼기가 조금도 없다는 뜻이다. 초순수가 빗물, 증류수보다 한 수 위라는 사실에서 좋은 물이라는 것이 증명된 것이다.

초순수는 과학, 의학, 식품 분야뿐만 아니라 사람이 먹는 물로도 상지수와 같이 생명 건강에 최상인 물이라는 사실은 물론, 초순수 마니아(Mania)들에 의해 초순수가 진리라는 것도 영원히 증명될 것이며 이의나 반박할 사람은 없을 것이다. 반박이 있다면 이는 자연에의 도전이고 역천이다.

진리와 자연은 복잡한 논리가 없다. 인간이 복잡하게 만든 것이다. 단순한 것이 정답이다.

초순수 마니아들은 말한다. 순수는 딱딱한 석회가루 미네랄이 없어 물이 부드럽고 목으로 잘 넘어간다. 차와 커피, 음식의 맛부터 다르지만, 마음에도 결석이라는 심리적 찌꺼기를 남기지 않는다고.

초순수는 먹어보지 않으면 절대로 모른다. 물을 알지 못하고 경험하지 못했기 때문이다. 하지만 초순수의 좋은 점이 끝이 없다는 것은 마니아들의 공통된 말이다.

제5장 | 자연과 과학

빗물 증류수와 초순수

물을 끓이면 나오는 수증기를 응축하여 만든 것을 증류수라고 하지만 청정 하늘에서 내리는 빗물도 증류수와 동일한 물이다. 땅에서 증발했다가 다시 땅으로 내려온 물이기 때문이다. 오염된 물을 첨단 수처리 기술로 증류수보다 깨끗하게 정수한 정제수를 초순수라고 한다. 다시 말하면 오염된 빗물을 다시 복원한 물이다.

빗물은 오늘날 오염되기 전, 수돗물이 나오기 전, 생수와 정수기가 나오기 전까지만 해도 세상에서 가장 깨끗한 물이었다. 이 땅의 모든 생물은 빗물을 먹으며 생명 유지를 했으니, 참 고마운 존재였다. 빗물이 하늘에서 내릴 때는 그냥 내려오지 않고, 천둥 번개를 동반하면서 내려오는데, 천둥 번개가 동반하면 질소가 만들어진다. 질소는 식물의 제1종 영양소이지만 인간에게는 아니다. 전기가 통하는 미네랄이 빗물에 포함되어 있으면 어떻게 될까? 지상의 모든 동·식물은 살아남지 못할 것이다. 천둥 번개로 수천만 볼트의 전기에 감전되거나, 벼락을 맞아 살아남지 못할 것이다. 우리는 빗물에 미네랄이 없는 것을 고마워해야 할 것이다.

빗물은 이런저런 이유로 지상 생물들의 축복이었다. 인간을 포함한 이 땅의 생물들은 빗물에 감사해야 한다. 지금은 오염으로 먹을 수 없지만, 그때는 그랬다.

물을 끓여 생산되는 증류수는 어떤 물인가.

증류수는 빗물과 같은 수질이기에 증류수를 먹으면 과거 깨끗했던 빗물을 먹는 것과 동일한 축복이 아니겠는가!

맞는 말이다.

과거에는 증류수가 좋은 물이었지만 오늘날에는 첨단 과학기술에 의해 증류수를 능가하는 초순수가 만들어지고, 먹는 물로 증류수를 대신하게 되었다. 증류수와 초순수의 차이점을 보자면 증류수는 끓여야 하기에 비용이 많이 들지만, 초순수는 생산 비용이 거의 들지도 않거니와 수질에도 차이가 있다.

미국의 폴씨 브래그 의학박사는 당시 증류수가 최고의 물임을 알고 증류수 보급 운동의 선구자 역할을 하였다. 덕분에 현재는 미국뿐만 아니라 선진 세계에서도 증류수 사용이 늘어나고 보편화 되어가는 실정이다. 하지만 증류수는 생산 비용이 많이 들어 대중화되기에 어려움이 많다. 물을 끓여야 하기 때문에 에너지 소모가 많아, 경제적으로 여유 있는 층에서 선호하는 것이 현실이다.

한국에도 증류수 애용자가 있어 만나 보았다. 2인 가족인데, 증류수 생산으로 한 달 전기 요금이 십만 원 이상 나온다고 하였다. 그것도 풍족하지 못한 양이라 밥과 반찬 사용에는 엄두도 못 낼 정도라고 한다. 증류수가 이상적인 물이기는 하지만 생산 비용이 많이 드는 것이 문제다. 그래서 증류수보다 깨끗한 초순수는 전기 요금이 들지 않는다고 설명하고, 전기요금이 들지 않는다는 조건부 설치를 주문하였다. 초순수 정수기는 수도 수압을 이용하는 필터 방식이기 때문에 전기 없이도 가능하다. 냉·온수를 사용할 시 약간의 전기 요금이 발생할 뿐이다.

초순수는 오염된 물을 현대과학의 첨단 수처리 기술로 100% 이상 복원한 물이다. 빗물을 완전복원한 초순수는 과연 과거 태초의 빗물과 같은 수준의 수질인가? 아니면 더 나은 수준의 수질인가?

여러 분야의 전문가들, 통합의학, 홀론의학(심리학 포함), 현대의학, 한의학, 그리고 그동안 초순수를 직접 경험한 수많은 사례를 통해서도 확증에 이르게 된다. 약봉지와 더불어 사는 현실에서 건강 100세는 이상인가?

초순수의 특징

- 초순수는 일반 물과 달리 초정밀 정수로 맑고 투명하다.
- 초순수는 다른 물과 달리 변하지 않는다.
- 초순수는 물맛이 최상이다. 이물질이 없기 때문이다.
- 초순수는 부드러워 목으로 잘 넘어간다.
- 초순수는 비중이 낮아 무게가 가볍다.
- 초순수로 음식과 차를 만들면 맛이 다르다. 좋다.
- 초순수는 가습기에도 찌꺼기를 남기지 않는다.
- 초순수는 얼음 결빙도가 단단하고 투명하다.
- 초순수는 물 분자 밀도가 높아 유성펜도 지워진다.
- 초순수는 냉수에도 커피가 잘 녹는다.
- 초순수는 찌꺼기가 없어 장(腸) 청소도 잘한다.
- 초순수는 혈관에도 잘 스며들어 피를 맑게 한다.
- 초순수는 체수분율이 높아 피부주름 개선에 도움이 된다.
- 초순수는 몸속 질병을 밀어내고, 막아내는 역할을 한다.
- 초순수는 수질분석에서 모든 오염 항목 불검출이다.
- 초순수는 반도체, 제약회사에서는 필수 조건이다.
- 세계적으로 최고급 명품 술은 모두 증류수로 만든다.
- 초순수로 막걸리를 만들면 세계적인 명품 술이 될 것이다.

초순수와 막걸리

세계적인 명품 술 꼬냑, 위스키도 증류수로 만든다. 과거 한국에서도 명품 술 안동소주, 문배주, 제주도에 고소리 등도 증류수로 만들었다. 세계적인 명품 술도, 한국의 전통 명품 술도 증류방식인 것이다.

제약에 사용되는 물은 불순물이 조금이라도 있으면 안 되므로 초순수를 사용한다. 주사 용액, 링거, 앰플뿐만 아니라 병원 신장실, 혈액 투석에도 초순수가 아니면 사용 불가다. 이물질 찌꺼기 조금만 있어도 절대로 안 된다. 링거나 주사액은 입으로 먹는 것이 아니고 혈관에 바로 들어가기 때문이다. 먹는 물은 이물질 찌꺼기가 있어도 내장 기관에서 대부분 배출하지만, 혈관에는 배출구가 없기에 초순수는 절대 조건이다.

***참고,** 이물질 찌꺼기란 먹는 물 수질기준에 속하는 모든 물질의 총칭이다.

먹는 물도 깨끗하면 좋다는 사실은 상식이다. 당신이 지금 먹는 물을 끓이면 분명 남는 찌꺼기가 있는데, 전문 용어로 증발 잔류물이라고 한다. 증발 후 남는 이물질 찌꺼기인 것이다. 분명 백색 석회가루 칼슘이 포함되어 있을 것이다.

초순수와 수액

병원에 가면 환자들이 물병을 달고 있는 모습을 볼 수 있다. 링거 또는 각종 주사액, 수액이다. 링거나 주사 수액은 무엇으로, 어떻게 만들어지는가?

링거와 각종 주사액의 98% 이상은 초순수(물)이다. 혈액의 98%도 물이기 때문이다. 초순수와 수액의 차이는 무엇인가? 아무것도 없는 깨끗한 물을 초순수라 하고, 제약에서 인공적으로 만든 주사액, 인공 눈물, 링거, 앰플 같은 것을 수액이라고 한다. 수액은 초순수에 포도당, 아미노산 소금, 전해질 같은 물질을 기술적 비율로 혼합한 물이다.

나무에 구멍을 내어 물을 받는 천연 수액인 고로쇠, 또는 과일주스, 채소즙 같은 것은 식물이 만든 수액이다. 모두 초순수에 각종 영양, 또는 치료 약을 혼합한 물이다.

초순수와 수액은 무엇이, 어떻게 다른가? 공통점은 모두 인간에게 유익한 물이라는 것이고, 다른 점은 몸에서 행해지는 능력과 역할이 다르다는 것이다. 무슨 말인가?

초순수는 물의 본질에서 물질을 녹이고, 분해하고, 용해할 수 있는 용해용적 면적이 100% 확보되어 있으며, 밀도가 크고 물 분자량이 적어 세포벽을 자유롭게 침투하고 이동 속도가 빠른 반면, 제약에서 만든 수액이나 식물에서 추출한 천연 수액은 각각 각종 영양이

채워지고 녹아 있기 때문에 물의 본질인 물질을 녹이거나 분해할 용해용적 공간이 작고, 상실된 것이 다르다.

예를 들면 초순수에 소금, 설탕을 녹이는 것과 링거나 주스에 소금, 설탕을 녹이면 녹는 용해량에 차이가 난다. 초순수에는 소금을 녹일 수 있는 용해용적 공간이 100% 확보되어 있는 반면, 링거나 주스는 들어있는 물질만큼 용해용적 공간이 부족하여 녹일 수 있는 양이 초순수에 비해 부족하다. 무엇을 의미하는가?

초순수는 분자량이 적어 밀도는 높고, 용해용적 면적이 많기 때문에 물을 마시면 몸속 이물질 찌꺼기들을 많이 분해하여 몸 밖으로 빠르게 이동시키며, 이를 세정이라고 한다. 세정은 건강과 질병에 대단히 중요하다는 것을 잊지 말아야 한다. 반면 다른 수액은 용해량이 적기 때문에 몸속 이물질 찌꺼기를 분해하고 배출할 수 있는 능력이 초순수보다 떨어진다. 수액은 치료나 영양공급 면에서는 좋지만, 몸속에 쌓이는 질병의 초석들을 제거하는 면에서는 기능이 떨어진다. 반면 초순수는 다른 어떤 물보다 뛰어나다. 몸의 영양공급은 식품이 한다. 수액도 영양공급 면에서는 식품에 비해 뒤지지 않지만, 초순수와 같은 역할은 하지 못한다. 물은 물로서 역할이 중요하다. 수액도, 채소도, 주스도 좋지만 몸속을 청소하는 면에서는 초순수를 따라갈 물은 없다. 초순수는 분해, 이동, 세정, 배출하는 면에서 좋고, 수액은 치료나 영양 공급을 우선한다는 차이이다.

나무에서 추출한 고로쇠 물은 나무뿌리의 세포막(Ceroid Membrane Module)을 통해 증발함에 따라, 물이 나무 위로 올라갈 때는 순수이지만 올라가는 동안 나무의 영양과 함께하면서 수액이 된다.

초순수는 아무것도 없는 물이지만 링거나 고로쇠 물은 무엇이(영양) 많이 들어있는 물이다. 무엇이 들어있고 안 들어있고의 차이는 곤륜산보다 높다.

초순수와 수액은 다르지만, 근본은 초순수에 있다는 것이다. 이 또한 물 공부를 해보면 더 많은 답을 알 수 있다.

제6장 | 먹는 물의 미네랄이란

칼슘 보충제, 유익한가?

건강을 위해 챙겨 먹은 칼슘 보충제의 부작용이 크다는 연구 결과가 신문, 방송에 알려져 충격을 주고 있다. 2013년 한 해의 칼슘 보충제 시장 규모만 1,228억 원이다. 이 엄청난 양의 매출을 올리고 있는 거대 제약 회사와 칼슘 보충제 제조업체들은 저마다 제품의 효능을 강조하며 부작용은 거의 없다고 설명한다. 하지만 칼슘 보충제의 부작용에 대해 우려하는 세계적인 전문가들이 많았다. 칼슘 보충제를 지속해서 먹는 사람은 안 먹는 사람보다 심근경색이 일어날 위험이 2배 가까이 높다고 한다. 미국 암 협회가 12년 동안 미국인 38만 8천 명을 추적 조사했더니 칼슘 보충제를 복용한 사람들이 복용하지 않은 사람들보다 심근경색 위험이 20% 높았다고 한다.

무기질로 제조된 칼슘 보충제는 몸에 들어가면 결석이나 혈전이 되어 쌓이고, 병이 든다. 전문의의 권고에 의하면 뼈 건강을 위해 칼슘이 필요할 경우, 음식을 통해 섭취할 시 칼슘 흡수를 방해하는 단백질이나 지방이 함께 소화되기 때문에 칼슘 보충제를 복용했을 때와 달리 정상적인 혈중 농도를 유지할 수 있다고 한다. 세계적인 전문가

들은 물이 아닌 음식물을 통해 칼슘을 복용하라고 권고하고 있다.

화학 이야기

알칼리성 식품이 몸에 좋다는 소문도 있고, 〈알칼리수〉라는 엉터리 책이 베스트 셀러가 된 적도 있다. 알칼리를 이용해 아들과 딸을 마음대로 가려 낳을 수 있다는 주장도 있다고 한다. 알칼리라는 단어만 들어가면 어떤 상품이든 최고의 인기가 보장되는 모양이다. 본래 알칼리는 '나트륨(소듐)이나 칼륨(포타슘)이 들어있는 식물을 태운 재'를 뜻하는 희랍어였다. 비누가 본격적으로 보급되기 전 조상이 쓰던 잿물로 만든 '재'가 대표적인 알칼리인 셈이다.

요즘의 알칼리는 조금 더 넓은 뜻을 가지고 있다. 알칼리족이라고 하는 리듐, 나트륨, 칼륨과 같은 금속을 물에 넣으면 만들어지는 수산화물을 뜻한다. 칼슘, 스트론튬, 바륨 등 알칼리 토금속의 수산화물도 알칼리라고 부른다. 가성소다나 양잿물이라고 부르는 수산화나트륨(NaOH)이 대표적인 알칼리인 셈이다.

알칼리는 건조한 사막의 침출액이나 나무, 해초를 태운 재에서 얻었던 귀한 물질이었다. 요즘에는 광산이나 사막에서 채취하는 천연 소다회(탄산소다)를 변환시키거나 19세기 말에 개발된 기술을 이용해

대량으로 생산한다. 보통 알칼리는 물에 잘 녹는 흰색 고체이고 금속이나 유기물을 부식시킬 정도로 반응성이 크다. 알칼리는 유리, 비누, 세제, 레이온, 셀로판, 종이, 펄프 등의 제조에 꼭 필요한 산업 원료이다.

대부분의 광고에서 '알칼리는 수산화이온의 농도가 수소이온의 농도보다 큰 상태를 나타내는 염기성'이라고 했다. 그러나 사람의 체질을 산성과 알칼리로 분류하는 것은 의미가 없다. 사람의 혈액 수소이온 농도는 인종, 성별, 나이와 상관없이 똑같다. 그렇지 않다면 링거액도 사람마다 다른 것을 사용해야 할 것이다. 그런데 수혈할 때 혈액형을 꼼꼼하게 따지는 병원에서도 링거액은 누구에게나 똑같은 것을 사용한다. 실제로 혈액의 수소이온 농도 지수(pH)는 누구나 7.4이고, 그 값이 0.2만 달라져도 생명이 위험해진다.

식품을 산성과 알칼리성으로 구분하는 것도 의미가 없다. 식품이 완전 연소 됐을 때의 부산물을 근거로, 알칼리 금속이나 질소 화합물이 많으면 알칼리성이라고 한다. 그러나 우리가 섭취한 식품이 몸속에서 모두 연소되는 것은 아니다. 화학적으로 산성인 것이 분명한 식초를 알칼리성 식품이라고 우기는 것은 기막힌 일이다. 우리가 마시는 물도 화학적으로는 중성에 가까워야 한다.

정부에서 정한 마시는 물의 수질 기준에도 수소이온 농도 지수는 5.8~8.5 사이가 되어야 한다고 하지만, 그것은 어디까지나 수돗물 기준이고 알칼리나 산성으로 기울어져 있으면 물맛도 나쁘고 건강에 도움이 안 된다는 뜻이다.

우리 몸에 꼭 필요한 나트륨 양이온은 조금만 부족해도 심한 갈증이 생긴다. 땀을 많이 흘린 뒤, 물을 아무리 마셔도 갈증이 가시지 않는 것은 나트륨 이온이 부족하기 때문이다. 그런 경우에는 소금을 조금만 먹으면 갈증이 씻은 듯이 사라진다.

알칼리 이온음료는 소금물에 단맛을 내는 성분을 넣은 것이다. 실제로 알칼리 이온음료는 화학적으로 산성이다. 알칼리가 건강에 좋다는 주장은 어감이 낯선 과학용어로 신비감을 불러일으켜, 부당한 이익을 챙기려는 얄팍한 상술일 뿐이다. 상술에 속아 금전적으로 손해 보는 것은 안타까운 일이다. 자칫 소중한 건강을 해칠 수 있다.

– 출처: 서강대학교 화학과 화학 커뮤니케이션, 이덕환 교수

산부인과 의사의 말

임산부들은 특히 좋은 물을 마실 것을 권장한다. 좋은 물이란 당연히 미네랄이 없는 순수다. 수정란의 90%, 태반 혈액의 83%, 양수는 100%가 물이다. 이것은 물이 태아 생명의 열쇠를 쥐고 있다는 사실도 된다. 물이 나쁘면 당연히 태아 수명 단축의 원인이 된다. 산부인과 의사들의 자료에 의하면 임산부들이 마시는 물에 의해 순산, 또는 난산이 결정된다고 한다.

좋은 물을 마시는 임산부는 입덧이 거의 없고 출산도 쉽게 하며, 태어난 아기도 건강하고 모유도 많이 나온다고 한다.

질 좋은 물을 공급하는 것은 산모, 태어날 아기의 수명과 건강에 초석이 되는 것이기 때문에 참으로 중요하다.

임산부가 질 좋은 물을 충분히 공급한 아기는 더욱 깨끗한 피를 가지고 태어날 수 있다. 깨끗한 피를 가지고 태어난다는 것은, 두뇌 건강이 좋아 기억력도 좋아질 수 있다는 것을 뜻한다.

보고 들은 것을 저장하는 능력은 지식의 근간이다. 배우고도 지식이 부족한 것은 기억력 부족 때문이다. 보고 듣는 생활 정보만 기억해도 지식은 넘칠 것이다. 임산부도 먹는 물은 순수가 정답이다. 순수를 권장한다.

먹는 물의 경도란

우리가 건강을 위해 열심히 먹는 물 때문에 오히려 건강에 문제가 생긴다면 이 또한 슬프지 않겠는가? 먹는 물의 달그락거리는 소리를 통찰해 본다. 많은 사람이 먹는 물속 미네랄은 필수 영양소라고 굳게 믿고 있다. 미네랄이 없는 물은 죽은 물이라고까지 말한다. 미네랄을 향한 믿음이 대단하다는 것을 생각하면 슬프지 않을 수 없다.

먹는 물에 제일 많이 들어있는 것이 탄산칼슘이다. 탄산칼슘은 석회석 돌가루라는 사실을 누누이 밝혔다. 석회석 탄산칼슘 때문에 치주질환, 혈관질환, 심장질환, 뇌경색, 담석, 요석, 어깨결석 등이 생긴다는 것을 알면 어떤 반응들이 있을까? 이것은 양심 있는 학자들도 밝히고 언론에서도 보도하지만, 대부분의 사람들은 관심 없는 것 같다. 이 또한 슬픈 일이 아니겠는가? 알고 모름에서는 슬픈 일이 없지만, 그로 인한 행동에서는 나타나는 결과에는 좋고 나쁜 것이 나타나게 된다. 물을 알면 건강이 보인다는 말이 여기에 속한다는 사실에서 경도(硬度)가 무엇인지를 알아보자.

모든 물에는 '경도(硬度)'가 있고, 먹는 물 수질기준에도 '경도'라고 표시된 것이 있다. 일반적으로 미네랄이라고 하는 칼슘, 마그네슘을 총칭하는 것으로, 원론적으로는 석회석 돌가루이기 때문에 한자로는 딱딱할 경(硬), 영어로는 Hardness로 표기한다. 우리는 이것을 영양이라고 즐겨 먹는다.

미네랄이라고 즐겨 먹는 경도 성분인 칼슘, 마그네슘이 우리 몸에 영양이 되는지, 독(毒)이 되는지를 통찰해 보자.

먹는 물 수질 기준 60여 항목에서 단 한 개의 항목을 제외한 나머지 기준은 모두 1.0mg/l~0.001mg/l 사이인 데 비해 경도는 무려 300mg/l, 즉 300~수천 배 이상이 많다는 뜻이다.

이것은 무엇을 의미하는가? 먹는 물의 경도는 다른 물질에 비해 최소 300배, 최대 수천 배 이상 많다는 것을 의미한다. 경도 300은 경수(硬水) 수준에 가까운 물이다. 우리는 경수를 센물이라고 하는데, 경수는 사람이 절대로 먹으면 안 되는 물이다. 먹으면 건강할 수 없는, 고통 속에서 밤새 안녕하는 사례가 많다고 한다.

경도가 높은 센물로 세탁이나 목욕을 하면 경도 성분인 석회 가루가 옷이나 피부에 달라붙어 몸을 근지럽게 하거나, 피부가 약한 아이들에게는 아토피 같은 피부질환을 일으킨다고 한다. 목욕 후 현미경으로 확인하면 피부와 모공에 탄산칼슘이 붙어있는 것을 분명히 볼 수 있을 것이다. 피부에도 문제를 일으키는 물을 먹으면 어떻게 될지는 자명하다.

우물을 파서 경도가 높으면 다시 묻어버린다. 경수는 아무 데도 못 쓰는 물이기 때문이다. 꼭 쓰일 일이 있다면 시멘트를 반죽하는 레미콘 공장에서나 유용할 것이다.

그런데 경도가 높은 경수는 먹으면 절대 안 된다고, 큰일 난다고 하면서 경도가 낮은 물의 석회가루는 영양이 된다고 한다면, 이 또한 슬픈 일이 아니겠는가?

맞는 논리인가? 남의 이야기가 아니다. 바로 우리, 나의 이야기다. 자신을 돌아보라. 내가 무슨 물을 먹고 있는가는 알아야 하지 않겠나.

경도란 칼슘, 마그네슘이고, 칼슘, 마그네슘은 석회석 돌가루며, 석회석 돌가루가 많은 물은 경수이기 때문에 물속 탄산칼슘은 먹으면 안 되는 것이 상식이고 진리이지만, 적게 먹으면 영양이 되고, 많이 먹으면 돌이 되는 큰일 나는 논리가 숨어 있는 것이 슬프지 않은가. 이런 논리로 칼슘을 즐겨 먹고 있는 게 문제가 된다고 생각하지 않는가?

먹는 물에 경도 성분이 얼마나 있는지 알 수 있을까? 수질 측정기(T.D.S)를 사용하면 즉시 알 수 있다. 수질 측정기에 나타나는 숫자 대부분은 경도라고 보면 된다. 물속에 존재하는 대부분은 칼슘, 마그네슘이기 때문이다. 구리, 납, 아연 등은 비중이 높아 물에서 잘 가라앉고, 칼슘은 비중이 낮은 토금속으로 물에서 잘 뜨기 때문이기도 하지만 다른 이온보다 300배 이상 많기 때문에 수질 측정기에 나타나는 숫자는 대부분 경도 즉 칼슘, 마그네슘이다. 대한민국 정수기 회사에서 유일하게 초순수 고객에게 수질 측정기를 주는 이유다.

수돗물의 경도는 우수기와 갈수기에 따라 약간씩 차이가 있는데, 우수기는 평균 80ppm 정도고 갈수기는 250ppm 정도다. 때문에 수처리 엔지니어들은 장비를 설계할 때 연 평균값 150ppm으로 계산한다. 수처리 장비에 경도는 문제(Fouling)의 원인이 될 수 있는 중요한 물질이기에, 확실히 알아야 하는 중요한 문제이다.

제7장 | 먹는 물 수질

먹는 물의 수질 기준이란

알고 모름은 행동에서 나타나는 결과의 차이다.

먹는 물 수질 기준은 상수도가 생기면서 만들어졌다. 상수도는 환경과 비용 기술의 한계로 완전하게 정수하지는 못한다. 그렇기에 가능한 범위까지만 수질 기준으로 정하여 명문화 한 것이다. 다시 말하면 오염된 강물에 존재하는 물질들은 사람이 먹어서 좋을 것 없지만, '정수 기술의 한계로 더는 제거할 수 없으니, 이 정도면 별문제 없을 것이다'라는 전제하에 허용한 것이 먹는 물 수질 기준이다. 그 기준의 대표적인 것이 칼슘, 마그네슘, 철, 망간, 칼륨이며 일부 농약, 화학 물질도 허용 기준치에 들어있다.

수천 년 동안 인류가 먹었던 빗물과 지금 우리가 먹는 물의 수질을 비교해보자.

빗물과 초순수의 수질 기준은?

한마디로 말하자면 빗물은 수질 기준이 없다. 초순수도 마찬가지로, 법으로 정한 수질 기준이 없다. 빗물과 초순수에는 수질 기준에 속하는 이물질 찌꺼기가 불검출이다. 다시 말하면 완전 없다는 말이다. 먹는 물 수질 기준이란 이물질이 있고 없고의 한계선을 정해놓은 것이다. 그래서 한계선이 없는 빗물과 증류수, 초순수는 수질 기준이 없는 것이다. 빗물, 증류수, 초순수는 먹는 물 수질 기준이 아닌 전해질의 전도율을 측정하는 단위로 나타낸다. '얼마나 더 깨끗한 물인가'를 보는 것이다.

반면 수돗물에는 최소한의 국민 안전을 위해서 법으로 정하는 기준이 있다.

수돗물 수질 기준은

법으로 정한 먹는 물 수질 기준은 먹어서 좋을 것 없는 이물질 찌꺼기 한계선의 기준이다. 더 이상은 안 된다는 뜻이다. 지방마다 조금씩 다르지만 대체로 60여 개 항목 전후다.

그 기준을 법으로 정해놓은 것이 아래 항목들이다.

1) 미생물 11항목 / 2) 무기질(유해물질) 11항목 / 3) 유기질(유해물질) 17항목 / 4) 소독제 11항목 / 5) 미심적 영향물질 16항목

제8장 | 용수와 먹는 물의 종류

물(용수)의 종류

연수(軟水)에 대하여

연수는 부드러운 물이다. 부드러울 연(軟), 물 수(水) 자를 쓰고, 영어로는 Softener라고 한다. 왜 부드러운 물인가?

물속에 경도성(스케일의 원인물질) 칼슘, 마그네슘이 없는 물을 연수라고 한다. 염색 용수로 적합하기 때문에, 염색공단의 연수 표준 단위는 경도(칼슘, 마그네슘) 10ppm 이하로 정하고 있다. 염색 용수의 경도가 높으면 높을수록 염색이 안 되고, 경도가 낮으면 낮을수록 잘 된다. 증류수, 초순수는 경도가 없기 때문에 염색 용수로는 최고급, 최상급 물로 친다. 증류수, 초순수로 염색을 하면 색상이 밝고, 깨끗하게 잘 되지만 연수는 초순수보다 색상을 잘 낼 수 없다. 초순수는 최고급 색상으로 알려진 병아리색을 낼 수 있으나 비용이 많이 들기 때문에 일반 염색은 연수로 하고, 최고급 염색은 초순수로 한다. 고급 염색이 비싼 이유다.

연수는 산업용, 공업용, 보일러용, 대중목욕탕, 대형 냉매기, 여관,

호텔뿐 아니라 가정에서도 샤워용으로 많이 쓰고, 경제 여유가 있는 집에서는 수도 계량기 후단에 자동화된 연수기를 설치하여 집 전체의 물을 연수로 사용, 목욕은 물론 세탁까지도 한다. 연수는 목욕도, 세탁도 잘 되지만 집 전체에 연수 장치를 놓으면 관에 스케일이 생기지 않아 건물의 수명(Life Cycle)이 백 년을 넘긴다고 한다. 여기에 초순수를 사용하면 배관 수명은 영원할 것이다. 반면 건물 배관에 스케일 현상이 일어나면 배관 관경이 좁아지면서 물 흐름이 약해지고, 결국에는 배관이 막혀 물이 중단된다. 사람이 살 수 없는 건물이 되어버리는 것이다. 바로 건물의 수명을 의미하는 라이프 사이클(Life Cycle)이다. 배관이 녹슬고 막히면 건물을 못 쓰는 것은 당연하다.

스케일과 같은 혈전이 혈관 속 피의 흐름을 방해하거나 막아버리는 것을 의학용어로 혈관질환이라고 한다. 혈관질환은 생명 위험수위 진입 단계로 취급한다. 건물의 생명주기와 같은 맥락이다.

연수는 부드러운 물이라 비누가 잘 풀려 목욕도, 세탁도 잘 된다. 연수기의 연수 원리는 양이온 교환 수지를 사용하여 물속에 있는 칼슘, 마그네슘 같은 양이온을 나트륨(Na) 이온과 1:1 비율의 선택적 교환으로 경도를 제거한다. 반면 연수에는 경도를 제거한 양만큼의 나트륨(Na)이 존재하여 먹는 물로는 부적합하지만, 세탁과 피부 미용에는 좋은 물이라고 알려졌다.

원자력 발전소 같은 초고압 배관에는 스케일이 조금만 끼어도 파열에 그치지 않고 폭발한다.

인체 혈액은 건물 배관의 물보다 맑고 깨끗해야 한다. 인체 혈액은 98%가 물이기 때문에 먹는 물이 맑고 깨끗해야 피가 깨끗하게 보호된다. 특히 물 분자는 인체 세포벽을 자유롭게 드나드는 유일한 물질이기에, 맑고 깨끗한 물은 혈관에 더욱 중요한 역할을 한다. 증류수, 초순수는 물 입자 밀도가 높아 혈관 벽을 잘 들락대기 때문에 맑은 피를 유지할 수 있고, 혈액 순환도 잘 되어 건강 유지에 큰 역할을 한다. 전문의들에 의하면 물속의 칼슘과 마그네슘은 혈관 장애 요인이라고 하니, 칼슘 부족은 식품의 유기 미네랄 섭취로 보충할 것을 권고하고 있다.

경수(硬水)에 대하여

경수는 연수와 반대로 센물이라고 한다. 칼슘, 마그네슘이 많이 들어있기 때문이다. 한자로 딱딱할 경(硬), 물 수(水) 자를 쓰고 영어로는 Hardness라고 한다. 먹는 물로는 물론이고, 공업용, 산업용 등 어디에도 못 쓰는 물이다. 하지만 우리가 일반적으로 먹는 물에도 칼슘이 미네랄이라는 명패를 달고 아주 조용히 들어있다. 먹는 물 수질 기준에도 있고, 환경 연구원이나 화학 실험연구소에서 수질 검사를 해도 있고, 물병 품질 표시에서도 확인된다. 칼슘은 제거하기 어렵기 때문에 어쩔 수 없이 수돗물 기준에 포함 시킨 것이다. 물병 품질 표시에 칼슘 얼마, 나트륨 얼마, 마그네슘 얼마 등과 같이 말이다. 증류수나 초순수에는 칼슘, 마그네슘이 단 한 톨도 없다.

우물이나 지하수를 파서 경도가 높은 물이 나오면 덮어 버린다. 경수는 어디에도 못 쓰는 물이기 때문이다. 쓰일 일이 있다면 레미콘 공장에서 콘크리트 믹서를 만들 때나 필요할 것이다. 칼슘, 마그네슘은 시멘트 원료이기 때문이다.

경수는 비누가 풀리지 않아 세탁이 안 되고, 목욕을 하면 백색 가루인 탄산칼슘이 몸에 달라붙어 피부질환을 일으키기도 한다. 탄산칼슘이 몸에 달라붙으면 발열되기 때문에 피부가 약하거나 예민하면 간지러울 수 있으므로, 몸을 긁게 되어 피부 질환이 생길 수도 있다. 옷을 세탁하면 세탁물에 경도성 칼슘들이 묻을 수 있고, 목욕을 하면 몸에도 묻을 가능성이 있다. 이로 인해 나쁜 현상들이 일어나고 있다.

아이러니하게도 우리는 경도성 칼슘과 마그네슘을 미네랄이라고 하며 영양이 된다고 한다. 물에 칼슘이 많으면 경수라서 못 먹는 물이고, 적으면 미네랄로 둔갑하여 영양이 되는 것인가.

경수는 주로 지하수, 특히 광산 지역 지하수에 많이 용출되며, 300mg/ℓ로 상수도 수질 기준에서는 높은 편이다. 우리가 먹는 물 속 경수는 미네랄이라는 이름으로 광고되고 있다. 광고란 기업 홍보일 뿐이다. 경도성 무기 칼슘은 인체에 영양이 아니라 해를 끼친다는 사실을 본서 곳곳에서 상세히 설명하고 있다. 무기칼슘이 우리 몸에 영양이 되는가를 알아보기 위하여 여러 사이트를 방문하고 검색해 보았다. 그 결과 몸에 영양이 된다는 말들은 하지만 무기, 유기를 구분하지 않고 원론적으로만 영양이 된다고 하면서 '미네랄은 식품에서 얻어야 한다'라고 끝낸다. 물에서 미네랄을 얻어야 한다는 말은 어디에도 없었다. 물속의 칼슘이 미네랄이라는 말은 원론적으로 맞는 말이다. 하지만 먹을 수 있는 것인가, 아닌가와 영양인가, 아닌가는 다르다.

해양 심층수에 대하여

육지에서 수 킬로 먼 바다 밑 200m 이하 수백 미터 아래 완속 상태로 흐르는 물을 해양 심층수라고 한다.

칼슘, 마그네슘, 칼륨 등이 안정적으로 존재한다고 하여 한때 일본에서 많은 투자를 하였으나 실패했다. 한국 동해 앞바다의 수질 분석을 해보니, 일본 해양 심층수보다 우수하다는 결론이 났다. 공업용, 산업용 및 먹는 물로도 좋다고 하여 H 그룹의 자회사를 필두로 여러 기업이 울릉도 앞바다와 동해안, 삼척, 양양, 포항까지 엄청난 투자를 하며 한때 산업의 쌀로 주목을 받았었다.

일본 학자의 '칼슘, 칼륨, 마그네슘은 1:2:1'이라는 이론을 좋게 받아들여, 해수 담수화로 제거한 미네랄을 재첨가하는 웃지 못할 일도 있었다. 필자도 한때 S 실업 삼척 해양 심층수 650억 프로젝트 기술의 고문으로 참여해 사업계획서, 설계도까지 완성하였으나 기타 이유로 포기하였다.

해수 담수화에 대하여

해수 담수화는 염분이 많은 근해나 해군 함정, 잠수함, 원양 어선, 무역선 등 바다에 오래 머물며 먹어야 할 물을 생산하는 장치를 설치하여 바닷물을 먹는 물로 정수하는 것을 말한다. 이 장치에 사용되는 주요 부품으로는 해수 담수화용 SW Membrane과 40kg 이상의 고압 펌프, 고압과 고농도의 염분을 견딜 수 있는 배관 호스가 필요하다. 이를 해수 담수화 장치라고 하는데, 강물이나 수돗물을 정수하는 가정용 역삼투압 장치와는 달리 바닷물은 염(소금)이 많아 농도 차이에 비례하는 고압 펌프를 사용한다. 압력이 40kg 이상 되어야 정수가 가능하고, 모듈과 펌프, 결합되는 자재들이 고가이기 때문에 장치 비용이 높다. 해양 심층수도 비슷한 수준이다. 부산 기장에 설치된 일일 7만 톤 생산 장치도 해수 담수화용이다.

먹는 물 종류가 많은 이유

하고자 하는 동기 중 가장 근본적인 요인은 욕망을 가능 시키려는 것이다. 욕망이란 자기가 소유하고 있는 코트로도 덮어 감출 수 있을 만큼 크지 않지만, 마음먹고 키우면 점점 자라나는 거인과 같다. 그리고 욕망을 자제시키는 기능을 절제라고 한다.

우리의 소원은 건강이지만, 생로병사의 틀에서 좀처럼 벗어나지 못하는 것을 알기에 가능하면 잠시라도 더 오래 살기 위하여 눈물겨운 노력을 한다. 죽는 것이 서러워서든, 무서워서든 죽음 앞에서는 장사가 없기 때문이다. 운동을 열심히 하는 것은 기본이고, 몸에 좋다는 것이라면 물불을 가리지 않는 인간의 습성을 아는 사업자는, 본능의 심리를 탐욕적으로 이용하여 이익을 창출한다.

마음먹기에 따라 결과가 달라진다는 것을 종교에서는 인과응보(因果應報), 한문학에서는 일체유심조(一切唯心造), 심리학과 약학에서는 플라시보, 즉 가짜 약이라고 한다. 자신의 몫만큼 결과가 나온다는 말이 된다. 교육자의 기대에 따라 학습자의 성적이 달라진다는 피그말리온 효과(Pygmalion Effect)까지, 모두 마음먹기에 따라 라는 일종의 피곤한 인생 심리학이다. 물론 마음먹은 대로 되지 않는 경우도 많다.

사람들의 심리를 묘하게 이용하는 것이 머리 좋은 천재 프로슈머들의 마케팅 전략이다. 먹는 물 종류가 많아도 너무 많은 이유다. 무엇이 문제인가? 기업은 만든 제품을 팔아야 한다. 많이 팔수록 이익이 늘어남으로, 제품을 다양하게 만들어 매출과 수익을 늘리는 게 기업의 경영 전략이다. 팔지 못하면 바로 망하기 때문에 언제나 배수의 진이다.

먹는 물의 기본과 기준은 깨끗함이다. 깨끗한 것 하나면 충족되기에 더는 묻고 따질 이유가 없다. 그렇지 않은가?

자문해보라!

과거 인류가 수천 년 먹었던 물은 단 하나, 하늘에서 내리는 자연수, 빗물밖에 없었다는 사실을 되새김질해 본다. 빗물 하나로 과거의 인류가 오늘날의 우리보다 더욱 건강하게 살았다는 것은 누구도 부인할 수 없는 사실이다. 그렇지 않은가?

지금은 단 하나밖에 없어야 할 먹는 물 종류가 많아도 너무 많다. 가만히 손을 꼽아보면 수십 가지가 넘어 혼란스럽다.

먹는 물은 깨끗한 것 하나만 강조해도 되는데, 경쟁 사회에서는 수익 창출을 위해 차별화를 한답시고 미네랄이 어쩌고, 광천수가 어쩌고, 땅속 몇 미터 암반수가 어쩌고, 직수정수기가 어쩌고 등의 무리수를 던진다. 하물며 아이들이 먹는 물에도 색소를 타서 부모들을 혼란스럽게도 한다. 미네랄, 광천수, 직수가 무엇인지도 모르면서 말이다.

내가 먹는 물이 어떻게, 왜 좋은지 확실한 이유를 들어보지 못했기에 누구에게 설명도 하지 못한다. 좋다 나쁘다 구분 없이 남이 먹으니까 따라 먹는 수준이 되어 버린 것이다. 광고만 요란하면 최고로 보이기 때문일까? 누가 장에 가니 나도 지게 지고 장에 가는 식인가. 이런 것을 왜자간희(矮者看戲), 즉 카더라 식이라고 한다. 알고 모르는 것에는 차이가 없지만, 그로 인한 행동에서 나타나는 결과에서는 크고 작은 결과들이 생긴다. 때에 따라서는 치명적일 수도 있다.

동의보감에서의 물이란?

동의보감에는 탕제에 쓰는 물과 피부병 같은 외용에 쓰이는 물이 따로 있는데, 종류가 34가지나 된다. 약용? 외용? 처음 들어보는 말이 아닌가. 하지만 구분이 분명하다. 몸 안의 병을 다스리는 물, 약용, 몸 밖의 질병을 다스리는 물, 외용은 따로 있다.

외용으로 쓰는 물은 먹으면 안 되는 물이다. 몸에 질병으로 나타나기 때문이다. 온천수와 광천수도 목욕용으로는 좋은 물이지만 먹으면 안 되는 외용 물이다.

동의보감과 달리, 현재 우리가 먹는 물은 구분이 분명하지 못하다. 물속에 무엇이 많이 들어있으면 좋은 물로 착각할 수도 있다. 먹는 물은 깨끗한 것 하나만 묻고 따질 이유 없이 정답이다. 누가 묻든, 물 박사가 아니라도 깨끗한 것 하나면 기준이고 표준이라는 것만 알면 된다.

우리가 먹는 물은 법적 수질을 기준으로 정해진다. 국민의 안전한 건강을 위해서이다. 어느 선은 허용하지만, 그 이상은 건강에 해가 될 것이라는 원칙에서 정해진 것이다. 이물질 찌꺼기가 많고 적음에서다. 하지만 '기준 이하에 속하는 물은 먹으면 안 되는 것인가' 하는 의문도 있지만, 그것은 아니다. 정수 기술의 한계로, 더 이상 제거할 수 없기에 '이 정도만'이라는 단서가 붙는다. 물론 모든 수질 검사 항목이 불검출이면 더욱 좋지만 빗물, 증류수, 초순수를 제외하면 현재로써는 불가능한 일이다.

현재, 각종 기능수라는 물은 자신들만의 주장을 내세운다. 이 물은 어디에, 어떻게 좋다고 한다. 검증된 것인지는 각자 판단할 몫이다. 건강을 위해 먹는 물은 맑고 깨끗한 것 하나만 검증되면 더도 덜도 바랄 게 없는데, 모두 이유에 이유를 더하는 도토리 키 재기 식 무리수를 쓴다.

상품을 많이 팔아야 그만큼 많은 이익이 발생한다. 많은 이익은 곧 생존권이기에 상품의 다양성으로 배수의 진이다.

소비자들에게 선택의 조건을 많이 만드는 것이 경영의 마케팅 기법이다. 그래서 먹는 물 종류가 이렇게 많아진 것이다. 너도나도 돈이 되는 곳에 하이에나처럼 모여드는 것이 현대의 경제사회이다. 인체에 유익한 미네랄은 오직 식품에 있는 유기 미네랄뿐이고, 세계보건기구(WHO)와 FDA 등등에서 먹는 물 수질 기준은 시판 생수, 미네랄수, 광천수가 아닌 증류수라고 한다. 미네랄이 없는 증류수가 가장 안전한 물이고, 증류수보다 더 깨끗하고 안전한 물이 초순수이다.

초순수는 수십 년 전부터 있었지만 등잔 밑에 가려져(燈下不明), 탐욕적인 상업에 의해 못 먹는 물, 죽은 물, 먹으면 설사하는 물로 존재의 이유를 상실하고, 미처 알아보지 못했었다. 그러나 필자의 창시개발, 발상의 전환에서, 세계 최초 먹는 물로 인류 세계의 건강 지킴이로 나타나게 되었다.

초순수는 깨끗함의 대명사로 '건강을 보장받을 수 있는 먹는 물'이라는 자긍심과 자중심적 가치관을 확실하게 세웠다. 모든 상업이 초순수를 기업화해도 광고, 수식어, 미사여구 등 어디에도 네 것, 내 것이 더 좋다, 나쁘다는 말은 없게 된다. 이로써 세상에서 먹는 물만큼은 불신이 아니라 신뢰와 믿음으로 더욱 밝은 세상이 될 것이다. 지금까지는 무리수로 인해 양심이 편치 못했지만 말이다.

제9장 | 물이 몸에 끼치는 영향들

물이 몸에 미치는 특성

'생명의 피'라는 말에서 볼 수 있듯 많은 경우, 피는 생명 자체와 동일시되고 있다. 피의 98%가 물이다. 물은 그것이 가지고 있는 여러 가지 특성으로 인하여 생명을 유지하기에 아주 적합하다. 예를 들어, 물은 어떠한 액체보다 많은 물질을 용해할 수 있다. 생명 유지에 필요한 화학 물질들을 가지고 몸을 이루는 세포벽을 자유로이 넘나드는 특성이 있다. 동시에 세포 내에서 복잡한 화학 반응을 일으키는 매체의 역할도 한다. 연료를 태울 때 자동차 엔진이 열을 내듯 우리가 먹은 음식물이 연소되어 열을 낸다. 그렇다면 우리의 몸은 어떻게 섭씨 37도의 온도를 유지할 수 있는가?

바로 물 때문이다. 몸속에 물이 아닌 수은이 있다면 세포로부터 나오는 열은 지금보다 체온을 30배나 빨리 상승시킨다. 온도를 변화시키는 데 대부분 물질보다 물의 열량이 훨씬 더 많이 필요하기 때문이다.

물은 체온을 조절하기 위해 다른 역할도 수행한다. 빠른 혈액 순환을 통해 열이 골고루 퍼지게 하고, 과도한 열은 공기 중으로 발산되도록 피부로 신속히 이동시킨다. 몸이 차가워질 시에는 몸을 구성하는 물속에 저장된 열을 마음대로 사용할 수 있게끔 사지에 온기를 공급한다.

몸은 이렇게 독특한 구조로 발생한 열을 신속히 다 제거하지 못한다. 그러나 놀라운 특성이 작용하는데, 바로 증발 현상이다.

증발 현상은 어떻게 도움되는가? 약 1/2ℓ의 물이 증발되면 물의 온도를 1도 올리는 데 드는 것보다 1,100배 정도 많은 열량을 빼앗기게 된다. 미풍이 피부를 스쳐 가면서 습기를 말릴 때의 냉각 효과를 우리는 느낄 수 있다. 모르는 사이, 매일 피부와 폐의 호흡을 통해 약 1ℓ의 물이 몸에서 증발되는 방식으로 많은 열량이 방출되고 있다. 더운 날이라든지, 평소보다 활동을 더 많이 하게 될 때 우리의 땀샘은 더욱 많은 물을 내놓는다. 무려 하루에 4ℓ 정도까지 낼 수 있다. 뚝뚝 떨어지는 땀보다 피부에서 증발되는 땀이 막대한 열량을 소비하게 한다. 확실히 놀라운 냉각 방식이다.

몸은 물을 원한다

물은 우리 몸의 많은 부분을 차지하고 있으므로, 몸에 잘 공급해야 한다. 사람은 음식을 먹지 않고도 80일간 생존할 수 있지만, 물을 마시지 않고는 10일 이상 견디기 어렵다. 몸에 정상적으로 있어야 할 수분 한 방울만 부족해도 갈증을 느끼게 되고, 1~2% 부족하면 고통을 느끼게 된다. 5% 부족하면 살갗이 움츠러들고 입과 혀가 타며 환각 상태가 시작된다. 15% 부족하면 일반적으로 빈사 상태가 된다. 우리의 몸은 지금도 계속 수분을 잃고 있다. 피부와 호흡을 통해 정상적으로 1ℓ 정도 잃는 것 외에, 1.5ℓ 이상은 대소변을 통해 잃게 된다.

몸의 체액 균형을 유지하기 위해 정상적으로 소비되는 2.5~3ℓ의 물 외에도 땀, 심지어 눈물로 소비한 수분까지도 보충되어야 한다.

그렇다면 우리는 매일 3ℓ 정도의 물을 마셔야 하는가? 우리가 심하게 땀을 흘리지 않는 한 그렇지는 않다. 사실상 우리가 필요로 하는 물 1/3 정도는 식품에서 얻을 수 있고, 그러한 식품은 대부분 물인 경우가 많다.

빵 1/3도 물이다. 체세포들이 산소(O)를 사용하여 음식에 들어있는 수소(H)를 연료로 태우고자 하므로, 우리의 체세포 내에서 화학적으로 1ℓ 정도의 물(水)이 생산된다. 굉장히 흥미로운 점이다.

물과 물맛(Flavor)에 대하여

맛이란 무엇인가? 맛은 인간의 생존을 위해 만들어진 본능적 감각이라고 한다. 인간이 먹을 수 있는 것과 먹을 수 없는 것을 구분하여 생명과 건강을 지키고, 즐거움과 기쁨을 나타내는 감각 기능이다. 혀는 다섯 가지 기본적인 맛을 느낄 수 있다. 단맛, 쓴맛, 짠맛, 신맛 그리고 감칠맛까지. 우리가 실제로 느끼는 맛은 10만 가지가 넘는다고 한다. 그토록 다양한 맛을 즐길 수 있는 이유는 음식을 씹을 때 미각과 후각 둘 다 사용하기 때문이다. 맛을 느끼는 혀의 돌기는 우리가 태어나기도 전에 발달한다. 태아는 양수를 삼키며 엄마가 먹은 음식 맛을 느낄 수 있어, 엄마가 좋아하는 음식을 아이도 좋아할 가능성이 높다. 우리는 단지 생존을 위해 음식을 먹는 것이 아니라 음식을 즐기면서 행복을 느낀다.

먹는 물도 맛이 있는가? 물은 학술적으로 무미(無味), 무취(無臭), 무색(無色)이라고 한다. 하지만 사람들은 물맛이 있다, 없다, 좋다고 표현한다. 물은 맛도, 냄새도 없다는데 왜 맛이 있다, 없다 하는가? 맛이 있는 것이 맞는가. 학술적으로는 맛이 없는 것이 맞지만, 우리가 물맛이라고 표현하는 데에는 여러 가지 이유가 있다.

음식에는 단맛, 쓴맛, 짠맛, 신맛을 내는 물질이 있어 맛을 느끼지만, 물은 주로 안에 있는 여타 이물질, 즉 칼슘, 마그네슘, 나트륨, 칼륨, 철, 망간 같은 무기 염류들이 가지고 있는 물성의 맛과 향이 적고 많음에 따라 물맛이 좋다, 나쁘다, 무겁다, 부드럽다라는 느낌을 맛의 차이로 나타낸다. 물맛이 쓴 것은 주로 칼슘, 마그네슘 때문이며 이런 무기 염류들은 무겁고 거칠어 목으로 넘어갈 때 느낌이 좋지 않다. 초순수를 먹어보지 않은 사람은 절대로 알아차릴 수 없는 느낌이다. 초순수를 마셔본 사람들은 초순수와 비교해서 물이 무겁다, 거칠다라고 표현한다. 결론은 먹는 물 대부분은 여타 이물질들로 맛과 냄새가 결정되어 물맛이 있고, 없고, 무겁고, 가벼운 게 느껴지는 것이다. 먹는 물에 여타 이물질이 들어있으면 맛과 냄새가 나는 것은 물론, 질병의 초석이 되기도 하여 몸을 힘들게 한다.

그렇다면 단맛, 쓴맛, 짠맛, 신맛을 내는 이물질이 전혀 없는 순수한 물 증류수, 초순수도 물맛이 있는가? 결론은 있다. 물속 이물질에 의해 맛이 나는 것만은 아니다. 인체 감각 기능은 온도와 부드러움을 감지하고, 예민하게 느끼고 작동한다. 초순수에는 이물질이 없지만, 거칠지 않고 부드러워 오히려 물맛이 더 좋다고 하는 것이다. 마치 도토리묵처럼 아주 부드럽게 넘어간다.

초순수를 한 번이라도 먹어본 사람은 물이 정말 부드러워 목으로 잘 넘어간다고 한다. 물을 잘 못 먹던 사람도, 안 먹던 사람도 초순수는 잘 넘어간다며 두 컵, 세 컵도 단숨에 마신다. 깨끗한 물을 많이 먹을 수 있어서 좋다고 한다. 특히 물을 많이 마셔야 하는 암환자들이 더 좋아한다. (초순수 사례자 참조) 순수가 아닌 물은 이물질 맛일 뿐이라는 사실을 잊지 말아야 한다. 초순수는 하늘이 내린 축복, 빗물을 수처리 기술로 완전복원시킨 물이기에 건강을 위한 단 하나의 먹는 물이다.

청정 하늘에서 내리는 빗물에는 여타 이물질이 없다. 그러므로 빗물을 첨단 과학 기술로 완전복원한 초순수에도 여타 이물질이 전혀 없다. 이물질 맛이 아닌 물의 물성, 즉 물 분자만의 높은 밀도, 가벼움, 부드러움, 깨끗함, 산뜻함을 비롯해 적절한 온도 차이가 입의 감각 기능에 작용하며 나타나는 것을 순수 물맛이라고 표현한다.

실제로 순수를 한 번이라도 먹어보면 지금까지 어느 물에서도 느껴보지 못한, 부드럽고 깔끔한 느낌이 들어 기분이 좋다. 목으로 넘어가는 질감도 부드러워 어떤 물보다 많이 먹을 수 있고, 여기에 더하여 물맛을 결정하는 또 다른 요소는 물의 온도이다. 물의 온도는 약 17℃ 정도가 가장 좋다고 한다. 물론 계절과 체질에 따라 차이가 있지만 그러하다. 초순수는 이물질이 없어 가볍고 부드럽지만, 순수가 아닌 물은 이물질 찌꺼기 탓에 목으로 잘 넘어가지 않아 대부분 차로 끓여 먹는다. 그러나 물을 끓이면 이물질 찌꺼기는 증발되지 않고 오히려 농축될 뿐이다. 순수는 다른 물보다 용해 용적량이 크기 때문에 몸속 이물질을 보다 많이, 보다 빨리 배출시킨다. 물 분자 밀도가 높은 초순수는 빠른 순환 속도 덕분에 몸속에 물이 고이지 않아 한의학에서 말하는 수독증에 걸릴 염려가 없다. 건강의 조건은 속이 깨끗하고 피가 맑은 것인데, 초순수는 두 조건을 충족시키는 최상의 물이라는 사실을 한방 연구가 정영훈 한의사가 강조한다.

한방에서는 맛을 신맛, 쓴맛, 단맛, 매운맛, 짠맛 다섯 개로 나누어 (목, 화, 토, 금, 수) 오행, 5미로 본다.

5미(오행)가 완벽하게 조화를 이루면 (1:1:1:1:1) 무미(無味)가 된다. 초순수의 무미는 5행의 기운이 완벽하게 조화를 이룬 조화로운 물이라고 본다. 기운이 한쪽으로 치우치면 치우친 기운의 맛이 나타난다. (ex. 수기가 강해서 목, 화, 토, 금, 수 비율이 1:1:1:1:2가 되면 수의 맛인 짠맛이 나타나는 것) 보통 미네랄이 함유된 물은 물의 맛이 느껴지고, 한쪽으로 치우쳐서 조화롭지 않은 물이 된다. 치우친 물을 계속 마시면 우리 몸의 조화도 깨질 수 있는데, 초순수는 어디에도 치우치지 않고 완벽하게 조화로운 물이다. 조화로운 물을 계속 마심으로써 우리 몸의 5행의 하모니를 이룰 수 있다.

음악도 조화로운 소리를 들으면 편하다고 느낀다. 자극적인 음악소리는 처음부터 듣지 못하거나, 오래 들으면 심리적, 정신적, 청각에 손상이 온다.

초순수를 마시면 편하고, 목 넘김이 부드러우며 가볍다고 느껴지는 이유는 결국 초순수가 조화로운 물이기 때문이며, 우리 몸은 사실 양자 컴퓨터보다 정밀한 센서를 가지고 있다. (물질적인 감각이든 기운을 느끼는 기감이든) 그래서 우리 몸은 무엇이 조화로운지 알고 있다. 조화로운 것은 계속할 수 있으며, 조화롭지 못한 것은 계속할 수 없고 항상 끝이 있다. 우주에서 조화롭지 못한 것은 존재할 수 없기 때문이다.

– 한의사 정영훈

제10장 | 먹는 물의 외적 요인들

상업의 막강한 힘

"시장 사람의 말은 사지 마시고, 국마(國馬)로 병들고 말라 쫓겨난 놈을 골라서 사십시오." 이게 무슨 말인가? 평강 공주가 남편이 될 온달에게 한 천리마 이야기이다. 시장 사람의 말은 살찌고 번드르르해도 수레나 끌기에 딱 맞고, 나라 마구간에서 쫓겨난 말은 혈통은 좋지만 먹이 주는 사람을 잘못 만나 병이 든 말이다. 비루먹어 쫓겨났으나 타고난 자질이 훌륭하다는 뜻이다.

중국의 문장가 한유(韓愈)는 '잡설(雜說)'에서 이렇게 말했다. "천하에 천리마가 없었던 적은 없었다. 다만 그것을 알아보는 백락(伯樂)이 없었을 뿐." 백락은 명마를 잘 감별하기로 유명한 인물이다. 그가 하고 싶었던 말은 이렇다.

이익 우선인 상업, 탐욕과 이기, 기만의 대부(代父), 사자(Lion) 같은 막강한 힘을 가진, 대동강 물도 팔아먹었다는 천재 프로슈머들이 물장사를 하면서 만들어 낸 것이 '미네랄은 영양이다.', '미네랄이 없는 물은 죽은 물이다.', '증류수, 초순수는 물고기도 살지 못하는 죽은 물, 먹으면 설사를 한다'라는 말들이다. 역사를 알고 보니 불과 수십 년밖에 안 된 생수, 정수기들이 세상에 나타나면서 사람들의 인지 심리에 요지부동의 경(도徒)으로 박혀 있더라. 무엇이 문제인가?

그렇다면 아무것도 없는 깨끗한 물이 좋은 물인가?

아니면 이물질 찌꺼기가 있는 물이 좋은 물인가?

전문가 수준이 아닌 일반 상식에서 합당한 이유를 생각해 보면 말도 안 되는 질문이다. 하지만 현실은 많은 사람은 이물질 찌꺼기가 무엇인지도 모르면서, 이물질 찌꺼기가 있는 물을 더 좋아한다. 무엇이 잘못인가를 묻지 않을 수 없다. 생각해 보라. 상식적으로 깨끗한 물이 좋지 않은가. 그러나 많은 사람들은 이물질 찌꺼기가 있는 물을 더 선호하고 있다는 사실에 주목해야 한다.

이물질 찌꺼기가 대체 무엇이기에 그러는가. 이물질 찌꺼기는 여러 가지 있지만 다른 것은 모두 차치하고 한 가지만 지적하자면 미네랄이라고 하는 칼슘, 마그네슘이다. 칼슘과 마그네슘은 석회석 돌가루라는 사실에서 사람이 먹어서는 안 되는 광물질 석회석 돌가루라는 사실을 집중적으로 강조하는 이유는, 사람들의 인지 심리에 '미네랄은 영양이다'라는 내 안에 그놈, 인식의 꼬리가 붙어 있어 건강에도 문제가 된다. 나와 가족의 건강, 나아가 인류 세계의 건강이 달려 있기 때문이다. 인류의 건강은 꼭 이루어야 할 숙명이다.

지하에 존재하던 칼슘과 마그네슘이 지상으로 올라와 공기와 접촉하면 탄산칼슘, 탄산마그네슘으로 환원된다. 칼슘이나 탄산칼슘은 무기염 토금속으로 뭉치면 본래의 석회석 돌이 되는 성질을 가지고 있다. 동굴 속 고드름 같은 석순, 종유석이 바로 물속에 있는 탄산칼슘이 만든 천연 예술 작품이다. 동굴에서는 예술작품이라고 하지만, 사람의 몸속에서 뭉치면 예술이 아닌 암과 같은 무서운 존재가 된다. 우리 몸에 시한폭탄 같은 석회석 덩어리가 결석이라는 이름으로 몸속 구석구석 돌아다니고 있음에도, 사람들은 심각하게 생각하지 않는 것이 문제다. 상업 쪽에서 미네랄은 영양이 된다고 말한 탓이다. 일부 양심 있는 지식인들이 언론을 통해 칼슘은 각종 결석으로 심장질환과 심혈관질환까지 유발할 수 있다고 지적하지만 소귀에 경 읽기일 뿐, 대중들은 문제 삼지 않는다. 문제의 심각성을 의식하지 못하는 것이다. 오랜 세월 망각의 의존에서 벗어나지 못한 탓일까?

물속 칼슘은 제거할 수 있는 기술은 있지만 대부분의 대중들이 미네랄을 원하고 있다. 한 때 '미네랄이 없는 물은 죽은 물'이라는 언론에 항복하여 멤브레인의 구멍을 넓혀 더 많은 미네랄이 나오게 한 적도 있었다. 사명감 없이 왜 항복했을까! 칼슘, 칼륨, 마그네슘의 비율이 1:2:1이라는 일본학자의 개념을 좋게 받아들여, 해양 심층수에 제거한 미네랄을 다시 첨가하는 웃지 못할 일도 있다. 하지만 일반 정수 기술은 미네랄을 제거하고 싶어도 제거할 수 없다. 그래서 수질 기준에도 미네랄 함량을 경도라는 용어로 표시한다. 그리고 더욱 중요한 것은 정수 기술 엔지니어들마저도 물속 미네랄은 영양이라고 알고 있기 때문에 더더욱 제거 불가하다. 옳고 그름을 분간하지 못한 탓이다.

더욱 재미있고 중요한 사실이 있다. 칼슘이 영양이라면, 칼슘이 많을수록 좋은 물이 된다. 하지만 칼슘, 마그네슘이 많은 물을 경수(센물)라고 한다. 경수는 절대로 먹으면 안 되는 물이라는 사실에서, 칼슘이 적은 물은 영양이 된다는 논리다. 이해가 되는가? 우리말로 석회수는 경수이기 때문에 절대로 먹으면 안 되는 물이고, 영어로 미네랄이라고 하면 영양이 되는 좋은 물인가? 아이러니가 아닐 수 없다. 한마디로 웃기는 말이다. 미네랄 관련 문제는 각자의 몫이다.

미네랄 없는 물이 좋다는 것을 증명할 수 있는가?

과학, 의학 전문 종사자들 외에도 필자의 오랜 경험과 초순수를 사랑하는 수많은 사람의 체험적 살아있는 증언이 있다.

필자도 수십 년간 초순수를 마시고 생활했지만, 설사 한 번 한 적 없고, 건강에도 문제없다. 오히려 더 나은 건강을 유지하고 있다. 수년간 초순수를 마시면서 생활한 초순수 애용자들도 건강이 좋아졌다는 결정적인 사례들이 많다. 이보다 더 확실한 증거는 없을 것이다. 지금도 초순수 애용자들은 한결같이 초순수를 먹은 후로 건강이 좋아졌다고, 행복하다고 체험사례(체험사례 참고)까지 알려주었다. 이것으로 더 이상 맞다, 아니다 할 명분은 사라지고, 묻고 따질 이유가 없는 불문율이 되었다.

사실이 이러하다면 과학을 넘어 하늘의 축복이 아니겠는가. 나와 가족, 그리고 세계 인류가 초순수를 사용하게 된다면 이 또한 하늘의 축복이 아니겠는가!

건강은 천금과도 바꿀 수 없기에, 초순수는 태초의 빗물을 대신한 하늘의 축복인 것이다.

상업에 편승한 숨은 비밀

식품에는 첨가물이 문제고, 먹는 물에는 미네랄이 문제다. 첨가물 개발자이자 반대 전도사 '아베 쓰카사'는 '식품 첨가물은 인간이 만든 위대한 속임수'라고 한다. 물속 미네랄도 마찬가지다. 미국 '유에스 뉴스 앤드 월드 리포트지'는 소아과 의사 '데이비드 루드위그'와 마리온 네슬레 뉴욕대학 영양학 교수가 '미국의학협회저널'에 발표한 논문을 인용하여 '식품업계의 비밀 10가지'를 보도했다.

정크푸드, 탄산음료, 스포츠음료, 비타민 음료 등은 가공 과정에서 이윤을 창출하지만, 영양소가 파괴되고 다양한 첨가물이 들어감으로써 건강에 부정적인 영향을 줄 수 있기 때문에 시민 단체에서 비난한다.

– 중앙일보 2008년 10월 23일

"한 샐러리맨이 아침에 샌드위치, 점심에 돼지고기와 김치 볶음, 저녁에 컵라면과 삼각 김밥을 먹었다면 그는 최소 60가지의 첨가물을 섭취했다고 본다."

먹는 물에도 '식품첨가물'에 버금가는 것이 있다. 바로 미네랄이다. 먹는 물의 미네랄은 식품이 아닌 땅(흙)속에 존재하던 것이기 때문에 인체에 해가 된다. 하지만 기업은 이익을 위한 광고 수단으로 사용한다. 이익 우선인 상업의 광고는 인지 심리를 마비시켜 버렸다.

경로 의존성이라는 것이 있다.

자연계에서 물체는 스스로 멈추거나 방향을 바꿀 수 없는 것이 운동의 제1법칙 관성이고, 관성을 제어하는 것은 외부의 힘이다. 관성이 인간에 투영되면 타성(惰性)이 되고, 늘 하던 방식을 답습하고 웬만해선 바꾸려 하지 않는 타성의 경향이 '경로 의존'이다. 타성에 젖은 사람은 변화를 두려워하고 잘못된 습관을 고치지 못한다. 물체의 관성은 질량이 클수록 커지는 데 비해, 인간의 타성인 '경로 의존'은 오래갈수록 벗어나기 어렵다. 사회과학에서는 이를 경로 의존성이라 한다. 경로 의존성인 타성이 강하면 외부환경이 바뀌더라도 스스로 방향을 바꾸지 못한다. 상업에 의한 경로 의존성은 미네랄이라는 타성에서 망각으로 인지 심리를 멈추게 한다. 생각의 관점이 아닌 망각 현상이다. 정신의 망각은 건강도 방전을 한다.

운동은 면역력을 향상하지만 피로 물질을 생산하고, 음식은 에너지를 만들지만 독소와 찌꺼기를 생산한다. 이런저런 이유로 독소와 찌꺼기가 몸속에 쉼 없이 쌓이고 있다. 독소와 찌꺼기는 즉시 처리하지 않으면 악취가 나는 것은 물론, 질병이 된다.

아름답게 잘 지은 집에 첨단제품이 많아도 음식물 찌꺼기를 방치하면 사람이 살 수 없는 것과 같고, 치장을 아무리 잘해도 몸에 쌓이는 독소와 찌꺼기를 즉시 치우지 않으면 빨리 늙고, 병들어, 존엄가치가 떨어진다.

우리는 많은 질병 속에서 허우적거리고 있다. 물은 속을 청소하고, 피를 맑게 하는 유일한 수단이지만, 깨끗하지 못해 문제다.

몸은 물로 채워져 있기 때문에 수질에 따라 건강이 좌우된다. 현재 우리가 먹는 물은 육안으로는 깨끗하게 보이지만 그 속에는 먹어서는 안 되는 이물질 찌꺼기들이 허용 기준치라는 명목으로 자리하고 있다. 대표적인 것이 칼슘, 마그네슘이고 대장균, 불소, 비소, 셀레늄, 수은, 시안, 동, 세제, 아연, 철, 망간, 질소, 염소, 카드뮴, 브롬산염, 우라늄, 페놀, 세슘, 파라티온, 포름알데히드 등 듣도 보도 못한 것들이 허용 기준에 포함되어 있다는 사실이 놀랍다.

작은 것이 더 중요하다

세상에 존재하는 것은 모두 작은 것으로 시작하여 작은 것으로 끝맺는다. 시작이 반이라는 말에서도 그러하지만, 작은 것이 큰 것보다 더 중요하다는 것이 역설이 아니라는 사실을 잊어서는 안 된다. 우리는 작은 것을 소홀히 하는 경향이 있고, 그 탓에 낭패를 보는 일이 종종 있기 때문이다. 건강의 적 질병도 여기에 해당된다.

대형 공사도 삽질 하나로 시작하고, 장갑을 벗으면서 마무리한다. 우리 몸의 질병도 눈에 보이지 않는 작은 것으로 발원하여 인간 영역을 벗어나는 큰 병이 된다.

석회석(칼슘)의 작은 알갱이 하나가 모이고 쌓이면 결석이라는 돌이 되고, 그 돌들이 치주염의 주범 치석이 되고, 혈관질환, 심장질환, 뇌질환으로 이어지면서 결국에는 현대의학도 감당할 수 없는 큰 병이 된다.

병을 치료하는 것도 아주 작을 때 치료하는 것이 상책이지만, 작은 것도 없을 때 하는 예방이 상책 중 최상책이라고 한다. 먹는 물속 칼슘 이야기다.

칼슘이라는 석회석 가루가 몸에 들어오는 유일한 통로는 입이다. 입으로 먹는 물이다. 먹는 물의 미네랄이라고 하는 석회석은 한 알, 한 톨이라도 먹지 않는 것이 예방이고 상책 중의 상책이다. 미네랄이라고 하는 석회석은 우리가 먹는 물을 통하여 몸으로 들어온다는 사실을 잊지 말아야 한다.

석회석 칼슘이 질병의 초석도 되지만 혈관질환, 심장질환과 같은 큰 병이 만들어지면 인간의 영역을 벗어나는 낭패를 보기 때문이다. 알고 모름에서 나타나는 결과의 차이다. 전 국민, 전 세계가 작은 알갱이 하나로 몸 앓이를 하고 있다는 것을 알아야 한다. 작은 것이 더 중요한 것의 의미이다. 여기서 물 공부를 좀 해보면 달라질까?

천금을 주고도 바꾸지 못할 내 몸을 카더라 식에 맡기고 있었지만, 알고 모름에서 나타나는 결과의 차이는 감당하기 어려울 만큼 클 수 있다.

우주도 작은 것이 모여 큰 것으로 존재하고, 눈에 보이는 크고 작은 모든 물질도 작은 것으로 시작, 존재하게 된다. 운동의 법칙도 그러하고, 작은 것에 충실하면 큰 것에도 충실하다. 하나를 보면 열을 안다는 속담처럼 일의 시작을 보면 끝을 알 수 있다는 것은 작은 것이 더 중요하다는 말이다.

우주는 끝을 알 수 없는, 인간의 상상을 초월하는 무한의 크기이다. 측량할 수 없는 광대한 우주가 있다는 사실은 누구나 알고 있지만, 극미세계도 무한(∞)의 존재라는 사실을 알고 있는 사람은 많지 않을 것이다.

진동하는 작은 끈이 만물의 근본이라는 초끈 이론도 있다. 우주 상호작용이 통합하는 꿈의 이론으로, 물질과 힘의 근본은 입자가 아니라 진동하는 작은 끈이며, 끈의 크기가 워낙 작아 우리에게는 입자처럼 보인다는 이론이다.

지구의 작은 흔들림도 있다고 한다. 지구는 지진으로도 흔들리지만 바람으로도 흔들리고, 쏟아져 내리는 비로도 흔들리고, 녹아내리는 눈으로도 흔들리고, 하루하루 변하는 날씨에도 자전축이 미세하게 떨린다는 것이 밝혀졌다.

– '세바스티앙 랑베를' 벨기에 왕립 천문대 연구원

알게 모르게 지금도 지구가 미세하게 흔들리고 있다는 사실에서 지구를 제대로 보는 것은 우리가 지구의 탑승자로 인식할 때부터이다.

– '아치볼트 매클리시아' 미국 시인

모두 작은 것을 인식할 때부터이다.

시작이 있으면 끝이 있는 것이 상식인데, 끝이 없다는 것을 이해하는가? 인간의 관점에서는 이해가 잘 안 된다. 무한은 신의 영역이기 때문이다. 하지만 쉽게 이해할 수 있는 것이 있다. 시간과 숫자도 그러하지만, 극미(極微)세계가 그러하다. 눈으로 볼 수 없는 무한의 정도를 가늠해 보자.

우주의 크기가 상상을 초월한다는 것은 잘 알고 있겠지만, 물질의 최소 단위 극미세계는 일반적인 상식을 넘어 무한이라는 것을 아는 사람은 드물 것이다.

첨단 과학을 앞서가는 물리학자들에 의하면 미립자의 끝은 아직도 알 수 없는 무한의 세계라고 한다. 우리는 알게 모르게 무한의 세계 안에서 존재하고 있는 것이다.

물리학자들의 말에 의하면, 미국 시카고의 페르미 국립 가속 연구소에서 밝힌 물질의 최소 단위는 우주의 빅뱅으로 팽창, 기원 되고, 빅뱅의 최소단위가 쿼크와 톱쿼크라는 사실을 밝혔다. 하지만 톱쿼크가 물질의 최소 단위라고 알고 있던 사실이 깨지고, 더 작은 물질이 존재한다는 것을 알게 된 것이다. 지금까지 물질의 최소단위는 쿼크(Qua-rk)로서 원자, 원자핵, 전자, 양성자, 중성자로 알고 있었지만, 그보다 더 작은 미립자로 구성되어 있다는 것을 알게 된 것이다.

물질을 구성하는 최소 단위의 소립자 쿼크는 업, 다운, 스트레인지 등 3종이 발견된 이래 참, 보텀이 또 발견되면서 총 5종류가 존재하게 된다. 쿼크가 단독이 아닌 쌍을 이룬다는 말이다. 모든 물질은 분자로 이루어지며, 분자는 원자로, 다시 원자는 원자핵과 전자로, 원자핵은 양성자와 중성자로 구성되고 이는 더 이상 깨어질 수 없는 쿼크로 이루어진다는 물질 기본 구조 이론이다. 소립자 물리학의 양성자와 중성자 등 모든 강입자(Hadron)는 3개의 쿼크로 이루어져 있으며 쿼크는 분수 값의 전하를 가지고 있는데, 업쿼크는 플러스 3분의 2의 전하를, 다운쿼크와 스트레인지 쿼크는 마이너스 3분의 1의

전하를 가지고 있다. 따라서 양성자는 2개의 업과 하나의 다운으로 이루어지기 때문에 전하값이 1이 되며, 중성자는 1개의 업과 2개의 다운으로 0의 전하값을 갖는다. 모든 물질은 업쿼크, 다운쿼크와 전자 및 전자중성미자로 불리는 렙톤(Lepton)으로 구성되는데 쿼크와 마찬가지로 렙톤도 뮤입자, 뮤중성미자, 타우입자, 타우중성미자 등 6종이 있고, 이들은 쿼크와 마찬가지로 쌍을 이룬다. 이들은 아직도 이 물질들을 전자 가속기에서 쪼개고 있다.

– 출처: 1994년 4월 26일 부산일보

일도 작은 것으로 시작되지만, 질병 역시 일과 마찬가지로 작은 것에서 시작되어 큰 병으로 진행된다. 인간 존엄도 작은 것 하나로 불신에서 존엄의 가치가 추락한다. 작은 것의 중요성을 깨닫지 못하여 후회하는 일들이 많기 때문에 새겨볼 필요가 있다. 먹는 물의 미네랄 이야기이다.

가랑비에 옷 젖고, 티끌 모아 태산이고, 천길 뚝도 개미구멍으로 무너지고, 1%의 습관이 성공을 거두고, 1%의 희망이 음악 없이도 춤을 추게 하고, 1달러의 가치를 알면 경제학을 알고, 깨진 유리창 하나가 기업을 망하게 할 수 있다. 기계의 고장도 작은 소리에서 시작되고, 한 발의 총성이 세계대전을 일으키고, 방아쇠 하나가 수백 발이 장전된 총알을 좌지우지한다. 한 사람의 화성이 오케스트라 화음에 혼란을 주기도 하고, 저울의 작은 무게가 기울기에 영향을 준다.

질병도 작은 것이 더 중요하다고 한다. 중국 제나라 명의(名醫) 편작(篇鵲)의 말이다. 편작은 병은 털구멍에 있을 때 알고 고치라 한다. 병이 털에 있을 때는 찜질로도 고칠 수 있고, 살가죽에 있을 때는 침으로도 고칠 수 있고, 위와 내장에 있을 때는 달인 약으로도 고칠 수 있지만, 골수에 있으면 운명의 신이 소관할 일이라고 했다. 명의는 병이 털구멍에 있을 때 고친다고 한다.

피렌체의 군주론과 의학서에도 질병은 "초기에는 치료하기 쉽지만 진단하기가 어렵고, 병이 짙어지면 진단하기는 쉬우나 치료하기가 어렵다"고 했다.

우리 몸의 질병도 요란하지 않게 조용히 생긴다. 하지만 방치하면 치명적이다. 무사의 칼 놀림도 요란하지 않지만 결과는 치명적이라는 사실에서, 자신도 모르게 작은 것이 큰 병이 된다는 사실을 깨닫게 해준다. 질병의 초석이 되는 작은 알갱이 하나, 그 미네랄 하나가 10년, 20년 모이고 쌓이면 결석이 되어 소란을 피우면서 몸은 힘들어 한다. 기계의 고장도 작은 것에서 큰 고장이 되듯 우리 몸의 질병도 큰 병이 되면 인간의 한계를 벗어나게 된다. 작은 것일 때 일의 결과를 만드는 것이 지혜라고 할 것이다. 지혜 중의 지혜는 먹지 않는 예방이다.

연기 속에 감추어진 흡연을 생각해 보자. 흡연은 연기 속에서 눈에도 안 보이는 작은 화학 물질 한두 개가 모이고 쌓이면서 인간의 한계를 벗어나는 큰 병이 된다.

과장법은 속임수

생활이란 말보다 생존이란 말이 더 절실하게 느껴질 때가 있다. 생활은 살아서 활동하는 것이고, 생존은 생명을 유지하는 것이기에 생명 유지를 위하여 열심히 활동하게 된다.

열심히 노력해도 나아지지는 않지만, 그래도 최선을 다한 생활의 결실에서 더 나은 생명을 이어간다.

인간의 행동 동기는 이익에 비례한다고 한다. 다시 말하면 이익에 지배를 받는다는 말이다. 하지만 이익에 지배를 받으면 이기와 탐욕이 앞서거니 하면서 내적 갈등이 생기고, 갈등의 중심에 양심이 자리하면서 교통정리를 하게 된다. 하지만 양심도 이익에 편성 지배를 받으면 화인을 맞는다고 한다.

자신의 내적 갈등에서 혼란이 오게 되면 결국은 생각의 힘이 행동을 지배하면서 양심기능의 불화살이 나타나고, 자중 자각 상실이라는 심리적 아교로 굳어지면서 망각 현상이 앞으로 전진 배치된다.

고로, 거짓말도 정당화가 되는 이기적 사고가 발생된다. 과장법 이야기이다.

이익 우선인 상업은 이기와 기만(속임수)이 대세다. 불완전한 인간이 만든 상품은 완전함이 없지만, 상품의 경쟁력 가치를 높이기 위해 완전에 가까울 수 있는 무리수를 쓰는 것이 과장법이다. 과장법의 대부(代父)격인 상업은 정직과 멀어지면서 이기적이고 기만적인 속성이 대세로 나타난다.

장사를 하면서 자신의 물건이 나쁘다고 하는 사람은 없다. 길거리 좌판 행상부터 대형 백화점까지, 판매자는 모두 박사급 전문가 수준이 된다. 문제는 그들의 말을 대부분 잘 믿는다는 것이다. 정신을 차리면 믿음에서 벗어나지만, 그 순간만큼은 믿고 싶은 것이 사람의 심리 현상이더라. 좋다는 말은 기분 좋은 어감이기 때문이다. 밑지고 판다는 말도 믿을 수 있을까? 장사의 오랜 속성의 습(習)이기 때문이다.

진짜라는 과장법도 이와 같은 맥락이다. 우리 사회는 진짜라는 말이 홍수를 이루고 있다. 진짜 꿀, 진짜 참기름, 꿀사과, 꿀수박, 사탕에도 꿀이 붙고 사랑에도 진짜라는 과장법을 즐겨 붙인다. 그러나 진짜라고 산 참기름이 가짜이고, 진짜 꿀도 설탕 먹인 가짜이고, 진짜 사랑이라고 믿어도 알고 보면 이기적이고 기만적인 가짜 사랑이더라.

상품 앞에 붙는 진짜는 뿌리 깊은 가짜 문화가 되어 버린 지 오래다. 상업의 과장법은 인간의 이기적 욕망에 의한 것이고, 상업 역사와 맥을 같이 한다. 우리는 이런 문화에서 속기도 하고 속이기도 하지만, 상업의 기만(欺滿)이 세상 흐름의 대세라는 것을 알게 되면 자신을 보호할 중용(中庸)의 지혜가 요구된다.

계란으로 바위를 치면

'계란으로 바위를 치면', 재미있는 발상이 아닌가. 불가능이 가능으로, 가능이 불가능으로 나타나는 경우도 가끔 있다. 우리는 그것을 이상 현상, 또는 신비라고 한다. 계란으로 바위를 치면, 오히려 바위가 깨어지는 게 이상 현상인가, 불가사의인가!

계란으로 바위를 치면 계란이 박살나는 것이 실물 과학에서는 당연하지만, 비유적으로는 반대일 수도 있다. 오히려 바위가 깨어지더라. 산산조각이 나더라. 있을 수 없는 일, 현실적으로 불가능한 일이다. 하지만 이는 재미있는 발상이 아닌가. 이것을 발상의 전환이라고 하나, 역발상이라고 하나. 아무튼 이런 발상은 고착화된 고정관념을 뒤집어놓는 역발상으로, 계란이 바위를 산산조각내는 불가능이 가능이 되더라.

고정관념에 대한 발상의 전환은 우리가 건강을 위해 먹는 물에서 일어나고 있더라.

우리가 먹는 물, 과거 수천 년 동안 먹었던 물은 빗물이었다. 빗물이 불과 수십 년이라는 짧은 기간 동안 변하면서 나와 인류 건강에 변화가 왔고, 먹는 물이 변하면서 건강뿐만 아니라 수명에도 금이 가기 시작한 것이다. 이런 사실을 대부분의 사람들은 모르고 있었는데, 등잔 밑에 가려진 보석 중의 보석 다이아몬드 같은 초순수가 빛을 보게 되었다.

초순수는 다이아몬드처럼 순수함, 깨끗함, 단단함은 무엇과도 비교할 수 없는 무적이라는 강한 힘으로 세상에 빛을 보았다. 동시에 우리가 소원하던 건강, 불가능했던 건강이 가능하게 되었다.

세상은 과학의 이름으로 수천 년 먹었던 물 문화를 단숨에 뒤집고, 조직화된 먹는 물 문화로 고착화한 것이다. 사회적 문화 개념이 고착되면 좀처럼 벗어나지 못하는 망각 심리로 고정되고, 이로 인해 선입견이나 편견이 생긴다. 때로는 분쟁이나 사회 문제를 발생시키기도 한다. 우리는 가끔 이런 사회적 범주에서 벗어나기 위해 몸부림치는 것을 혁명, 혁신이라고 한다. 새로운 탄생도 고통을 동반하지만, 혁신도 때로는 고통이 따른다. 지금까지 도식화(Schema)였던 먹는 물에도 초순수라는 혁신의 발상이 던져진 것이다. 초순수는 우리뿐만 아니라 인류 세계를 위한 물이기에, 지금까지 잘못된 개념은 깨어져야 할 혁신적 관념이다.

계란이 바위를 깰지는 두고 봐야 하겠지만, 그렇게 되어야 할 것이라는 신념에는 변함이 없다.

인류 세계가 그토록 소원하는 건강의 중심 역할을 하는 것이 우리가 먹는 물이다. 건강을 위한 먹는 물, 새로운 패러다임 초순수가 중심에 있다.

등잔 밑에 가려졌던 초순수의 진실을 편견 없이 자세히 들여다보면 볼수록 우리가 먹어야 할 물임을 알게 된다. 초순수는 누구도 부인할 수 없는 진정한 먹는 물의 의미이고, 참다운 지식에 의한 설명이 끝없이 가능한 물임을 알게 된다. 증류수, 초순수 외 모든 물에는 이유 아닌 이유는 많지만, 어디에 어떻게 좋다는 구체적인 이유는 아직 없다. 다만 미네랄이 많고 적고, 어느 지역 물이 어쩌고라는 막연한 이유 아닌 이유만 있다. 미네랄이 무엇인지도 모르면서! 반면 초순수는 순수함으로 빛나는 보석과 같은 귀한 물이다.

제도권에서 권리를 주장하는 먹는 물, 어제도, 오늘도, 지금도 마시는 물, 각종 수많은 먹는 물은 모두 법적 수질 기준에 속하는 이물질, 미네랄은 영양이라는 부실한 지원을 받으면서 지금까지 누구의 간섭을 받지 않고 완벽한 권리주장을 하고 있다.

먹는 물속의 미네랄이 무엇인지도, 그로 인한 문제가 무엇인지도 모르면서 허가된 제도권에서, 인류 세계라는 거대조직에서 먹는 물로 행사를 하지만 자세히 들여다보면 결코 순수함이 아닌 것을 알 수 있다. 법적 수질 기준에 속하는 각종 이물질 이야기이다.

사람들에게 초순수를 설명해 보았다. 처음에는 초순수라는 생소한 이름에 상당한 거부감을 보이다가 계속되는 과학, 의학, 한의학에서의 역사적인 사실까지 설명되자 그제야 '오~' 라는 감탄사와 확신에 찬 눈빛을 보인다. 확신에 확신을 더하면서 수많은 사람으로 확산되고, 초순수의 믿음이 신념으로 굳어지더라.

진리는 단순하고 순수하다. 단순하고 순수할수록 강도가 높다. 보석 역시 단순하고 순수하다. 보석 중의 보석 다이아몬드(Diamond)는 순수함과 단단함으로 최상의 아름다운 빛을 낸다. 그리고 모든 물질을 능가하는, 무엇이든 깨트리고 파괴할 수 있는 강한 힘이 있다. 여기에 대적할 물질은 없다. 어원은 무적이다.

먹는 물도 그러하다. 초순수는 이물질 찌꺼기가 없다. H^2O 물 분자만의 순수함, 단단함으로 강도와 결속력이 다르다. 얼음의 결빙 강도, 용해 용적량, 세정력, 무게, 흐름과 이동 속도, 밀도, 세포 침투력이 다르고 다르다. 세정력이 높다는 것은 용해용적량이 크기 때문에 몸속 질병은 밀어내고, 몸 밖에서 들어오는 질병은 막아내는 방어 파수 역할을 잘한다.

당시에는 정론 불변 같았던 세상의 지식이 시간의 흐름을 따라 유행으로, 반짝 빛으로 사람의 기억에서 지워지고 퇴색되어 세월의 역사 속으로 사라진다. 많은 경우가 그러하다. 이런 현상을 필자는 세상적 진리라고 한다. 세상에서 잠시 반짝 보이다가 소리 소문 없이 사라지는 현상을 말한다. 문화적, 사회적 배경을 등에 업고 시대적 발상으로 잠시 쉬었다 가는 세상적 진리이다. 불빛 찬연한 백화점 쇼윈도(Show window)에 화려하게 진열되어 진품, 명품이라는 유명세로 많은 사람들에게 사랑을 받던 상품들도 유행이 지나면 세월의 흐름에서 역사의 뒤안길로 사라지게 된다. 잠시 즐겼던 화려한 연극 무대의 장면처럼 기억에서 잊혀진다.

당시에는 대의명분이 분명한 것 같았던 세상적 지식과 진리는 불완전한 인간의 산물이므로 완전한 것이 없다. 세상의 철학이나 상품도 반짝 빛으로 유행하지만, 곧 사라지는 것이 인간의 산물, 세상적 진리임을 알게 된다.

먹는 물속 이물질 미네랄, 잠시 세상적 진리에 눈이 가려져 아름다운 보석으로 보였겠지만, 발상의 전환이라는 새로운 패러다임에서 밝혀지는 대의명분도 거대 바위같이 산산조각날 수 있더라.

인간 관점에서 밝은 학문이라는 철학도 필자는 세상적 진리라고 한다. 철학을 들여다보면 순수하거나 단순하지 않고, 머리가 아플 정도로 복잡하고 난해하기 때문이다. 시작은 명쾌하고 거창하지만, 끝은 용두사미처럼 슬그머니 꼬리를 내린다. 철학적 사고란, 인간 관점에서는 누구나 관련된 주제로 거창하게 시작한다.

예를 들면 인생이란? 사랑이란? 행복이란? 이라는 주제들로 시작은 거창하고 명쾌하지만, 답을 내리지 못하고 유야무야 안갯속으로 숨어버린다.

인생이란 무엇인가? '천 년을 살아도 모르는 인생, 100년도 살지 못하면서 알면 얼마나 안다고 인생을 논하는가'를 묻고 싶어서 하는 말이다. '인생이란 무엇인가'를 쓴 톨스토이도 결국은 결론을 내리지 못하고 꼬리를 내린 채 안갯속으로 숨어버리고 말더라. 세상적 진리 속으로!

세상에서 통용되고 유통되는 물건들은 모두가 완전하지 못하여 유행 상품처럼 지나가고 사라지더라. 세상에는 완전한 것이 없기 때문이다. 하지만 완전한 것도, 영원한 것도 있다. 순수한 것은 완전하여 변하지 않고 세상에서 영원히 빛을 발한다. 순수한 다이아몬드가 영원하다는 것과 순수한 공기, 순수한 물이 불변의 물질이라는 것에 이의를 달 사람은 없을 것이다.

증류수, 초순수도 순수하다. 그리고 불변이다. 이물질 찌꺼기가 있는 물과는 차원이 다르다. 이물질 찌꺼기가 있는 물은 고이면 썩지만 순수한 물은 흐르지 않아도, 고여 있어도 변하지도, 썩지도 않는다. 물이 변하고 썩는 것은 물속 이물질 찌꺼기 때문이기에 순수한 물은 결코 변하거나 썩지 않는다. 썩고 변하는 것은 찌꺼기에 의한 미생물 때문이고, H^2O는 불변이기 때문이다.

먹는 물에 무엇이 들어 있으면 칵테일(Cocktail) 수준이지, 순수한 물은 아니다. 우리는 세상적 진리 속에 산다는 사실을 잊어버리고, 맞다 아니다를 논하고 있다.

사람들과 가장 친숙하고 가장 가까이 있는 먹는 물이 나의 건강을 보장해 줄 때, 행복과 사랑을 노래하며 건강 100세를 이룰 수 있어야 진정한 삶의 의미가 아니겠는가. 삶의 의미와 함께해야 하고, 아는 만큼 친숙함으로 가까이해야 할 먹는 물은 초순수가 정답이다.

비유적이기는 하지만 초순수는 다이아몬드같이 맑고 깨끗하며, 순수함으로 강하고, 단단함은 계란으로 비유된다. 다른 일반 물은 법적 수질에 준하는 이물질 찌꺼기로 하여금 순수함, 단단함의 결속력이 없는 바위로 비유, 계란과 바위를 역발상 도식화(Schema)한 것이다. 앎과 모름에서 생(生)과 사(死)의 결과의 차이로!

제11장 | 초순수와 그 외 경험 사례들

초순수 경험 사례들

초순수는 암 환자들이 좋아하는 물이라는 사실이 밝혀졌다. 물을 많이 먹어야 하지만, 많이 먹지 못하는 것을 암환자들의 사례를 통해 알게 되었다. 이유는 물이 목으로 잘 넘어가지 않아서이다. 먹기는 많이 먹어야 하는데, 겨우 한두 모금이다.

- 올해 80세가 된 백혈병 환자와의 인터뷰 내용이다.
  그분은 병원에서 8개월 동안 항암제 주사 8회를 맞고도 차도가 없었다. 마지막으로 대체의학자를 만나 그의 치료 방법에 따라 운동과 약초를 겸하면서 초순수를 권고받고, 하루에 3리터씩 8개월을 마시고 병이 거의 완치 되었다며 감사하다고 식사 자리에 초대하였다. 이는 그때 이루어진 인터뷰 내용이다. 이 자리에는 대체의학자도 함께하였다. (녹음 파일 보관)

- 90세 여성 말기 암 환자는 집에 있는 정수기의 물은 목으로 넘어가지 않아 먹지 못한다고 했다. 그 소식을 접하고 초순수

를 드렸더니 목으로 부드럽게 잘 넘어가서 마음껏 먹을 수 있다고 하시며 고맙다고 좋아하셨다. 경제 사정이 여의치 않아 초순수 정수기 한 대를 무료로 설치해 주었다.

나도 한 마디

- "태초의 물 초순수로 음식을 하면 자연의 맛이 나고, 더 맛있습니다. 딸의 성격이 까다롭고 예민한데, 멸치 육수에 소고기를 넣고 떡국을 끓였더니, 비린내가 하나도 안 나고 깔끔하다고 국물을 시원하게 먹었습니다. 동생은 누나야, 남자들이 술 먹고 해장 속 풀이 하듯이 시원하게 잘 먹고 있네, 그리도 시원하나~ 라고 하였으며, 딸은 국물을 더 달라고 하였습니다. 초순수는 잡냄새가 없기에, 거울이나 유리를 닦으면 이물질 없이 깨끗이 닦입니다.
  140가지 천연영양소를 초순수에 타서 먹으면 자연의 색깔이 나오고, 초순수 물이 천연영양소를 끌고 가 세포에 잘 전달합니다. 금상첨화입니다. 감사합니다."

  – 수영구 박한라

- "모기에 물렸을 경우, 가려운 곳에 초순수를 뿌려 문질러주면 증상이 금방 없어지는 효과를 보고 있어 자주 애용합니다."

  – 해운대 류덕호

- “시들어가던 꽃을 초순수로 키우니 싱싱하게 잘 살더라.”

– 부산 금정구 장전동 박지태 양애경 부부

- “야생화를 꺾어 초순수에 담가 놓으면 시들지 않고 오랫동안 꽃을 감상할 수 있습니다.
우리 집 강아지가 10살 때 배꼽의 종양 제거 수술을 하고 몇 개월 지나서 다시 가슴에 혹이 4개 정도 잡혔는데, 초순수를 먹은 후 혹이 사라지고 지금은 털도 광이 납니다.”

– 부산 금정구 양애경

- “저희 회사는 전기포트로 물을 끓여 차를 마십니다. 초순수 정수기를 알기 전까지는 회사 정수기 물을 이용하였습니다. 회사 정수기 물로 전기포트에 물을 끓이면 밑바닥은 항상 하얗고 누런 미네랄 입자들이 붙어있는데, 수세미와 세제로 깨끗하게 제거하기 어려워 그냥 사용하고 있었습니다. 초순수 정수기를 집에 설치한 후 매일 1리터씩 물통에 담아 회사 전기포트에 사용하였습니다. 여러 번 사용 후에도 바닥을 보니 아직도 새것처럼 깨끗해진 것을 볼 수 있었습니다. 입자가 작은 초순수 물이 용매 역할을 잘한 것으로 보입니다. 초순수 물은 부드러워 맛도 좋지만, 목 넘김이 매우 부드럽습니다. 이런저런 좋다는 것을 말로만이 아니라 몸으로도 확인할 수 있는 좋은 기회였습니다.”

– 분당구 강석

- “안녕하세요! 저는 평범한 주부입니다. 코로나가 시작할 때쯤 지인으로부터 초순수를 소개 받게 되었습니다. 이미 집에는 관리 받고 있는 정수기가 있었지만 한의사께서 논리 있게 말씀해 주셔서 마음의 준비를 단단히 하고 초순수 정수기로 바꾸었습니다. 결과는 대만족입니다.
초순수는 한마디로 물맛이 좋고, 밥맛, 차 맛 등 모든 음식 맛도 달랐습니다. 뿐만이 아닙니다. 목이 좀 아플 때 초순수를 마시면 좋아지는 느낌이 있고, 피곤할 때 믹서에 돌려서 마시면 음료수보다 훌륭합니다. 물론 피로 회복도 되고, 너무 신기합니다. 건강은 건강할 때 지켜야 된다는 말이 맞는 것 같습니다. 저는 외출할 때는 꼭 초순수 물을 가지고 다닙니다. 감사합니다.”

– 분당구 정자동 한지영

- “저는 라면을 좋아해서요, 라면은 보통 정수기 물로 끓여 먹었는데 얼마 전 어머니께서 초순수 정수기를 새로 설치하고, 초순수로 라면을 끓여 먹으면서 뭐지, 뭐야! 맛이 다르네! 라고 생각했습니다. 예전 라면 맛이 아니었습니다. 어머니 말씀을 자세히 듣고 어머니 판단이 옳았다는 생각을 하였습니다. 음식도 중요하지만 먹는 물도 중요하다는 것을 알기에 더 많은 사람들이 특별한 초순수와 함께했으면 하는 마음으로 이 글을 쓰게 되었습니다. 『물 공부 좀 하자』 작가님 고맙습니다.”

– 분당구 정자동 강수현

- "성인의 체수분 기준은 36.5~38.9라고 한다. 초순수를 마신 사람은 40.5로 나타났다고 체험자분께서 알려 주었다. 이것은 일반 물을 마신 사람보다 체수분이 높다는 것을 의미한다. 몸에 체수분이 많으면 주름이 개선된다는 사례자분들이 많다."

– 언양 이금숙

- "얼굴에 초순수를 뿌리면 클렌징 한 것 같이 깨끗하다."

– 양산 윤재순

- "땀띠는 초순수로 씻으면 깨끗하게 없어진다. 초순수를 먹은 후 발바닥에 각질이 없어지더라."

– 언양 안승래

- "초순수는 유성펜도 지워진다. 물 분자 밀도가 높기 때문이라고 알려 주었다."

– 부산 만덕동 신영지

- "초순수는 밥맛, 음식 맛, 커피 맛 장맛도 다르다."

– 양산 윤재순

- "초순수는 분자 밀도가 높아 냉수에도 커피가 잘 녹는다."

– 필자 양한수

- "초순수는 감기 치료에도 일반 물보다 효과적이다. 감기는 뜨거운 물을 마시면 1시간 안에 치료가 된다."

– 필자 양한수

- "자동차 유리 세정제 초순수는 얼룩 없이 잘 닦인다."

– 사례자 많음

- "가습기에 초순수를 사용하면 이물질 찌꺼기가 없어 청소할 필요가 없다."

– 공통 상식

- "초순수는 몸속 장(腸) 청소를 잘한다."

– 공통 상식

- "질병의 대부분은 몸속 찌꺼기들로 인한 담독소로 발생하는 것이라고 한다. 초순수는 몸속 이물질 찌꺼기 청소를 잘한다."

– 도원 한방병원 한의사 정영훈

- "초순수는 혈관과 세포에 잘 스며든다.
물 분자 밀도가 높은 초순수를 마시면 체수분 증가로 주름과 흰 머리가 개선되고, 피를 맑게 한다. 피가 맑으면 혈액 순환이 잘 되고, 순환이 잘 되면 면역력 상승과 질병을 예방할 수 있다. 맑은 피는 머리가 맑아지고 기억력이 발달함으로써 학생은 학습 능력이 좋아져, 보고 들은 것만 기억해도 천재 소리를 들을 것이다. 태아부터 초순수로 성장하면 200세 건강은 무난할 것이라는 생각이 든다. 현재 초순수 사례자들이 건강한 이유다."

– 부산광역시 의료원 전 상임고문 대체의학자 류덕호

제12장 | 의학박사 폴씨 브래그 편

폴씨 브래그 의학박사(미국)는 누구인가?

폴씨 브래그 의학박사는 미국에서 증류수 보급 운동의 최고 권위자이다. 그는 수십 년 동안 증류수만 마셨고, 자신의 환자에게도 증류수만 마시게 하여 수많은 치료 경험을 쌓았다. 그의 운동 덕분에 미국의 국무성 산하 해외 대사관 및 영사관, 미국 공군 및 환경 보호청, 버거 식품과 그 계열사, 텍사스 오일과 그 계열사, 필립스 석유 그룹, 웨스팅 하우스와 그 계열사, 미국의 유명 운동선수, 우주선 및 잠수함이 증류수를 사용하고 이제는 먹는 물 시장, 슈퍼마켓에서도 병에 든 증류수를 팔고 있다고 한다.

폴씨 브래그 의학박사는 세계적으로 증류수 보급 운동의 선구자로서 자신의 환자들에게도 증류수를 공급하여 불치병까지도 완치시킨 기록을 남겼다. 이를 증류수 건강법이라고 하며, 내용의 일부는 아래와 같다.

의학박사 폴씨 브래그의 건강법 중에서

무기물에 대한 경고

화학은 무기물과 유기물 두 가지 종류가 있다. 무기 화학 물질은 인체 조직에 유용하게 사용될 수 없다. 유용하게 사용되는 유기 광물질은 과일이나 채소, 육류, 생선으로부터 얻는다. 발밑 흙에는 무기 광물질이 있지만, 인체는 그것을 생명에 활용하지 못한다. 오직 식물만이 땅으로부터 광물질을 흡수해 이용할 수 있다. 다시 말하면 식물만이 땅속의 무기 광물질을 유기 광물질로 전환할 수 있다.

무기물과 동맥 경화

석회석 동굴에는 한 방울, 한 방울의 석회물이 떨어져 거대한 종유석과 석순을 쌓는다. 음료수에 들어있는 탄산칼슘과 같은 무기 광물질이 인체의 내부에 쌓이는 것과 똑같은 과정이다. 탄산칼슘이나 석회 같은 것은 시멘트나 콘크리트를 만드는 데 필요한 성분이다. 이런 화학 물질이 인체의 조직 내에 들어와 오랜 시간 동안 신진대사의 과정을 거칠 때 동맥 경화를 일으키게 되는데, 의사들은 이것을 동맥 퇴화 상태라고 한다. 사람들은 동맥 경화는 세월이 지나면 자연적으로 오는 증상인 줄 알고 있지만, 그렇지 않다. 나이 들면 노쇠해지고 동맥이 경화된다는 것은 미신적인 생각이다.

무기물에 의한 뇌경색

콜레스테롤, 염화나트륨과 더불어 무기 광물질이 인체에 끼치는 가장 심한 손상은 뇌의 작은 혈관을 경화시키는 일이다. 동맥 경화와 혈관의 석회화는 태어나면서부터 시작된다. 인간은 태어나면서부터 죽을 때까지 무기 광물질을 섭취하기 때문이다. 이는 주로 물을 통하여 들어온다.

신체의 돌들

생화학에 대해 배우면 배울수록 왜 그렇게 많은 사람이 빨리 늙고, 신체적 고통을 당하게 되는지 런던의 큰 병원을 방문하여 인체에 돌이 생기는 이유와 돌들은 건강에 무엇을 의미하는지 알 수 있게 되었다. 인체 내에서 돌들이 가장 많이 생기는 부위는 쓸개, 신장, 그리고 방광이다. 그밖에 엑스레이로 가끔 돌을 관찰할 수 있는 기관으로는 위장 뒤에서 내외 분비를 하는 췌장을 들 수 있다. 신체의 어느 부위에 생겼든 결석은 일단 병으로 취급한다. 나의 의견으로는 이 모든 돌은 대부분 사람이 먹는, 균형을 이루지 못한 산성의 유독한 식사와 화학 처리된 음료수, 많은 양의 소금과 포화 지방에서 나온 콜레스테롤에 의해서 형성된다고 본다. 불균형한 식사는 인체가 제거할 수 없는 독성 물질을 형성하고, 독성 물질은 화학 작용으로 돌이 되는데, 특히 모든 음료수에 들어있는 탄산칼슘과 같은 무기 광물질이 큰 역할을 한다.

담석

조용한 담석은 담낭 안에 가만히 있어서 담석통이라 알려졌지만, 격렬한 복부 통증을 수반하지 않는다. 그러나 이 조용한 담석도 시끄러운 담석이 될지 모른다. 담석통은 담낭 자체에서만 생기는 것이 아니라, 담낭의 분비물과 간의 분비물을 장으로 흘려보내는 송수관에서도 생긴다. 이것은 담낭이 결석을 몸 밖으로 내보내려 할 때 일어난다. 만약 담석이 지나갈 길목이 폐쇄되어 있다면 격렬한 통증과 함께 담낭과 관에 염증이 생긴다. 또, 만약 돌이 관속을 막게 되면 간은 소화에 필수적인 담즙을 장으로 보낼 수 없게 된다. 이렇게 되면 간도 이상해져, 담즙으로 인해 피부와 눈의 흰자위가 노랗게 변색하는 황달이 일어난다. 조용한 담석 역시 피부의 색깔에 나타난다.

인체가 겪고 있는 벌

인체는 많은 독을 섭취해도 여전히 제 기능을 발휘할 수 있는 신비한 기관이다. 처음 얼마 동안은 스스로 상황을 조절한다. 그러나 마침내 최후의 날이 와서 인체 내의 돌들이 고통을 주기 시작하면, 그때까지도 웃던 사람들이 "살려 주세요. 이 끔찍한 고통을 덜어주세요." 하고 고통을 호소한다. 그러나 누구도 병을 치료할 수 없으므로, 고통이 올 때까지 기다리는 건 절대 금물이다. 그때는 너무 늦기 때문이다. 오늘 당장 계획과 신념에 따라 하나밖에 없는 육신이 고통당하지 않게 확신을 가지고, 자연의 건강 법칙에 따르기를 권한다.

순수한 물만 마셔라

과일 주스나 채소즙 외에, 나는 단지 증류수만을 마신다. 오염된 세상에서는 증류수만이 안전한 물이다. 증류수 속에는 수소와 산소 두 원자만이 들어있으며, 유기물이든 무기물이든 다른 이물질은 들어있지 않다. 증류수는 음식을 조리하는 데와 건전지의 충전액으로도 사용되고, 인체에 아무런 찌꺼기도 남기지 않는다. 이 속에는 소금 성분도 없다. 인체에서 여과 작용을 하는 신장을 위해서는 증류수가 가장 좋은 물이다.

이상은 '미국의 폴씨 브래그 의학박사의 물과 건강' 중에서 본 정보는 1990 필자 지인으로부터 입수, 너무나 오래전 일이라 권리자를 찾을 수 없어, 문제가 있으면 연락 바랍니다.

제13장 | 먹는 물과 질병들

치주질환과 치주염에 대하여

치주염에 숨은 불편한 진실

인간의 본성은 자신과 가족의 행복이지만 행복은 건강이 동반되어야 하고, 건강은 행복의 초석이 된다. 여기에서 나온 말이 오복수위선이다. 오래 사는 것이 제일이고, 오래 살기 위해서는 치아가 튼튼해야 하고, 치아가 튼튼해야 음식을 잘 먹고, 음식을 잘 먹어야 건강하고, 건강해야 행복이 동반될 수 있기 때문이다. 해서, 구강질환은 오복수위선 뿐만 아니라 고통의 주범이고, 인간 존엄의 가치를 추락시키며, 인간 존재를 비참하게 만들기도 하는 무서운 존재이다.

치주염의 문제와 해결 방법을 알아본다.

치주염은 국민 질병 1위로 무섭고 고질적인 질병이다. 오복수위선의 수에 해당하는 생명에도 치명적인 질병이다.

무엇이 문제인가?

탄산칼슘의 불편한 진실을 알아보자.

칼슘이란 석회석 가루이고, 칼슘이 물에 녹아있으면 탄산칼슘이 된다. 사람들은 말한다. 물속의 탄산칼슘은 몸에 좋은 영양이 되는 미네랄이라고 한다.

당신도 이 말에 동의하는가?

그렇다면 지금부터 정신과 마음을 가다듬고 진지하게 몰입해보자. 당신의 진정한 건강을 위해서이다.

$CaCo^3$, 탄산칼슘. 솔직히 말해서 결론은 영양이 아니라 몸을 해치는 독소라는 사실이다. 충격인가? 과학, 의학, 화학 등 여러 통로와 본서 여러 곳에서 사실임을 증명하고 있다.

그래서 심각하다는 것이다. 단순히 영양이 아니라는 사실 때문만이 아니라, 건강에 적신호가 되어 마음과 정신에 심각하게 인지되어 있기 때문이다.

사람들은 이렇게 말한다.

미네랄워터는 좋은 물이고, 석회수는 나쁜 물이라고. 영어로 하면 좋은 물이고, 우리말로 하면 수준 떨어지는 물인가?

칼슘은 미네랄의 대표 원소이고, 석회는 칼슘과 동일 원소로 모두 같은 말이다. 한국의 젊은이들은 세계적으로 지식인으로 통한다. 같은 말이 듣기에 따라 좋은 물, 나쁜 물이 된다면 이 또한 현대적 아이러니가 아닌가!

탄산칼슘의 불편한 진실을 좀 더 자세히 알아보자.

앞에서 언급했듯 탄산칼슘은 국민 질병 1위로 치주염뿐만 아니라 심장병, 뇌혈관, 심혈관, 뇌졸중과 치석, 담석, 요석 등 몸속의 수많은 결석들과도 관련이 있다고 한다. 탄산칼슘은 거의 먹는 물을 통해 몸으로 들어온다는 것 또한 놀라운 사실이다. 우리는 지금까지 오랜 세월 감추어진 진실을 모르고, 물속 칼슘 미네랄은 영양이라고 알아왔다. 카더라 식의 망각에서 인지 심리에 박힌 대못을 빼지 못하고 가려진 적신호를 '등하불명'의 진실에서 발상의 전환으로 밝혀보자. 치주염의 깊은 진실, 그 어디에서도 찾아보지 못한, *세계 최초*로 들어보는 새로운 사실임을 알린다.

치주염의 원인과 발생

사람은 태어나면서부터 치아 청결과 구강 질병을 예방하기 위하여 양치를 한다. 하루에 2~3번, 죽을 때까지 열심히 한다. 칫솔모는 끝이 날카롭고, 치약의 연마제는 돌가루가 주성분이다. 날카로운 칫솔모가 연마제와 더불어 잇몸과 치아 사이의 v자로 파진 곳을 하루에 2~3번씩 평생 문지르면, 어느새 자신도 모르는 사이 치아 보호막인 범랑질이 손상된다. 범랑질이 손상되면 치아의 속살 상아질이 밖으로 나온다. 범랑질이란 치아를 외부 공격으로부터 보호하기 위한 에나멜 막이다.

산속 동물들은 치석이 없다. 양치를 하지 않아 에나멜이 벗겨지지 않아서이다. 치석은 화식으로 양치하는 인간에게만 있다. 양치로 범랑질이 벗겨지고 상아질이 밖으로 얼굴을 내밀면, 먹는 물속 영양이라고 즐겨 먹는 탄산칼슘이 상아질에 좀비같이 착 달라붙게 된다. 칼슘과 치아는 동질원소이고, 동질원소는 서로 잡아당기는 물리적인 힘 때문에 서로 잘 붙는다. 쇠는 쇠끼리 붙고, 살은 살끼리 붙고, 뼈는 뼈끼리 붙는다는 원칙 때문이다. 범랑질이 벗겨진 치아에 탄산칼슘이 하나둘 붙으면 치석이 되고, 붙고 또 붙으면 생물같이 자라고, 자라는 치석에 음식 찌꺼기가 붙으면 치태라는 세균의 영양소가 된다. 치아 세균은 치석의 아파트 같은 구조 속에서 질 좋은 영양소 치태를 맛있는 요리로 즐기면서 산성 물질인 그들 세균의 똥, 오줌을 배출. 잇몸과 치아는 고름으로 초토화, 종국에는 치주염이라는 무서운 질병이 되더라. 치주염으로 치아가 썩어 병원에 가면 발치, 의치가 기다린다.

칼슘은 치아와 동질 원소인 토금속으로, 치아에 한 번 달라붙으면 양치로는 제거가 거의 불가능하기 때문에 스케일링이 유일한 방법이라는 것이 의료계의 정론이다. 하지만 한 번의 스케일링으로 끝나는 것은 아니다. 치석을 깨끗하게 제거한다고 해도, 치석을 제거한 직후부터 물을 마시면 물속에 숨어있던 칼슘이 또 좀비처럼 치아에 달라붙기 시작하면서, 치석은 다시 생물같이 자라기 시작한다. 이런 과정을 평생 반복하는 것이 현실이기 때문에 병원에서는 주기적으로 스케일링을 권장한다.

치주염 문제 해결은?

먹는 물과 양치하는 물을 바꾸면 가능은 하지만, 문제는 남아 있다. 집에서 먹고 양치하는 물만 아니라, 밖에서 먹는 물과 조리하는 음식에 탄산칼슘이 존재한다는 것이다. 하지만 집에서라도 칼슘이 없는 초순수를 쓰면 많이 좋아질 수 있다. 일생 동안 모든 생활에서 미네랄이 없는 초순수를 쓰면 가능할 것이다. 초순수에는 치석의 원인 물질이 없어 건강에도, 치석도 억제되기 때문이다. 초순수가 몸에 좋다는 사실은 초순수 애용자들뿐만 아니라 서양의학, 한의학, 대체의학 전문가들에 의해서도 속속 밝혀지고 있다. 건강을 위해 먹는 물이 자신도 모르는 사이 치석, 몸속 돌, 혈관질환이 되어 몸을 힘들게 하고 있다는 것이 큰일 날 소리인가?

아니면 희망적인 소식인가?

치석은 지금도 모든 사람에게 소리 없이 생물처럼 자라고 있지만, 우리는 그 사실을 인지하지 못해 막연히 방치하고 있다. 치석이 치아 사이에 누렇게 나타나면 그제야 스케일링을 받는다. 방치하면 무서운 치주염이 되기 때문이다.

그동안 미네랄이라고 즐겨 먹던 물속 칼슘, 탄산칼슘이 치석, 요석, 담석, 혈석이 되는 이유다. 사실이 이러함에도 칫솔모는 더 단단하고 날카롭게, 치약의 연마제는 더욱 강력해지고 있는 실정이다. 여기에 더하여 의사들은 양치를 열심히 하라고 친절한 조언을 한다.

현대를 살아가는 우리는 선택의 여지가 없다. 현대인들은 화식 요리, 인스턴트식을 즐기기 때문에 양치는 필수이다. 카더라 식의 잘못된 지식에서 알 건 알아야 하지 않겠는가! 건강을 위해 안심하고 먹는 물이 자신도 모르는 사이 건강을 해치고 있다는 사실을 알면, 먹는 물이 축복만은 아닐 것이다. 하여 정확한 지식을 배우기 위해 힘써 노력한다.

알면 몸이 편하고, 모르면 몸이 힘들어하기 때문이다.

치석 제거 경험 사례

"『물 공부 좀 하자』에서 알려준 방법으로 양치를 하고 치과에 가니 의사선생님께서, 너만큼 깨끗한 치아를 가진 아이를 본 적이 없다고 칭찬하여, 기분이 너무 좋아 이 글을 쓰게 되었습니다. 그동안 제 경험에 비추어 볼 때, 칫솔 양치보다 이태리타월 양치가 더 좋은 방법이라고 확신하게 되었습니다. 중요한 것은, 치약을 안 쓰니 치약의 독성으로부터 안전하고 병원에 가지 않고도 치석을 제거하여 깨끗한 치아를 가질 수 있어서 참 좋습니다. 방법 알려주신 작가님께 감사드립니다."

– 분당구 정자동 강태형

치약에 의한 경피독

우리는 생존을 위한 삶 속에서 먹고 마시고 숨을 쉬면서 살아가고 있다. 자연이라는 환경에서 안전을 누렸었지만, 현재는 유독 환경으로 바뀐 지 오래다. 과학의 이름으로 더 나은 삶, 더 나은 생활, 더 풍요롭고 편리한 삶을 위해 생활 문화에서 창출해 낸 각종 이기(利器)들과 먹거리들로 삶의 질이 더욱 풍성해지고, 윤택해지고, 편리해진 것은 사실이다. 그러나 우리가 제일 중요시하는 건강의 일면은 그렇지 못하다. 다시 말하면, 여기저기에서 건강에 문제가 되는 적신호들이 울리는 것이 현실이다. 더욱 편리한 과학이 만들어 낸 화학 물질들은 각종 유해 물질이 강한 양면성을 띤다. 화학제품들이 좋은 면에서는 홍익으로 이롭기는 하지만, 해롭기도 하다는 것을 알고 있다. 그 수준이 어디에, 어떻게, 어느 정도, 얼마나 해로운지 가름하지 못하고 있는 것도 사실이다. 생활 속 화학물질들로 생활의 안전지대를 벗어난 지 오래지만, 여기서 특히 논하고 싶은 것은 치약이다. 치약 양치, 무엇이 문제인가?

우리는 어릴 때부터 죽을 때까지 아침, 저녁, 때로는 점심식사 후에도 구강 청결과 치아 보호를 위하여 열심히 양치한다. 칫솔과 치약은 문화가 만든, 참으로 편리하고 좋은 생활용품이다. 우리는 불과 5~60년 전만 해도 소금이나 모래, 흙을 곱게 채로 쳐서 만든 치분을 이용해 손가락으로 이를 닦았다. 그러다가 한국 전쟁 후 미국의 콜케이트 치약이 들어오고, 럭키화학이 치약을 생산하기 시작하며 국민적 사랑을 받았고 수많은 치약들이 기능성이라는 이름으로 쏟아져 나오기 시작했다. 치약에는 연마제, 불소, 계면활성제, 살균제, 탈취제, 방부제, 향료 등 인체에 해를 끼치는 유해 물질이 많이 들어있다. 하나같이 독성이 강한 화학 물질들이다.

이런 유해물질이 우리 몸에 해를 끼치는 것을 경피독이라고 하는데, 치약으로 인한 경피독의 실상을 추리해 본다.

치약으로 하루 3번, 3분 양치를 하는 동안 몸, 입속에 고농도 유해 거품을 머금게 된다. 그러나 우리는 아무 생각 없이 즐겁게 양치를 한다. 그 거품이 입속에서 무슨 문제, 어떤 일을 일으키고 있는가는 깊이 생각하지 않아도 자명하다.

치약 거품 속 각종 유해 화학 물질들은 입속 피부를 통해 세포벽을 넘어 혈액 속으로 들어가고, 치약의 독성들은 혈관에서 혈액의 상승 흐름을 타고 위로 올라간다. 머리까지 올라간 치약의 독성이 다시 몸 밖으로 빠져나가지는 않을 것이다. 출구가 없기 때문에 독성이 무슨 일을 할지 생각해 본다. 나이를 먹으면 눈이 침침하고, 기억력도 줄어든다. 심하면 치매라는 몹쓸 병도 생기고, 귀에서는 이상한 소리도 들리고, 얼굴에 주름도 생기고, 탈모라는 이름으로 머리가 열심히 빠진다. 우리는 이것을 노화 현상이라고 일축해 버린다. 특히 어릴 때 입은 뇌 손상은 청소년 학업에도 문제가 되지 않겠나를 생각해 본다.

필자는 이태리타월과 소금(粉)으로 양치를 한다. 이태리타월은 치석 제거에 탁월하고, 소금은 천연 항생제로 감기 예방과 경피독에서 벗어날 수 있어 좋다.

하지만 현대인은 치약을 외면할 수 없다. 그리스 에게섬에서만 자란다는 매스틱 나무의 수액을 원료로 하는 'Mastic 치약'이 있다고 해서 검색해보니 매스틱은 잇몸치료와 위장약으로 사용한다고 하니 안전할 것으로 생각 가끔 사용한다.

제14장 | 약도 치료방법도 없는 감기에 대하여!

감기[感氣, Common cold]란?

감기는 약도, 치료 방법도 없는 흔한 질병으로, 남녀노소를 가리지 않는다. 오랜 인류 역사와 맥을 같이하는 흔한 질병이며, 세계 감기 퇴치 연구진도, 현대 의학도, 백기 항복을 선언했다. 1965년, 파리의 파스퇴르 인스티튜트의 노벨 의학상 수상자 '안드레 미셸 루보프'는 임상실험까지 성공을 거둔 '비강고온 증기 치료법'을 만들었다. 하지만 이는 세상에 없는 치료 방법이다.

감기는 상기도(上氣道)에서 시작되는 바이러스 감염에 의한 질병을 말한다. 이 문제에 권위 있는 한 의사는 '감기는 상기도(上氣道) 내에 국부적 증세를 보이고, 코에 오는 증세가 뚜렷하며, 잠정적이고 가벼운 병'이라고 설명한다.

바꾸어 말하면 감기는 오래가지 않으며, 일반적으로 그렇게 염려스러운 것이 아니다. 목이 아프고 코가 막히거나, 콧물이 흐르는 등 코에 이상 징후가 생긴다.

재채기나 기침이 나고 두통이 생겨 안정감이 없으며, 때로는 열이 나기도 한다. 남자보다는 여자들이 더 잘 걸린다.

감기는 추워서 걸린다? 아니다. 바이러스 때문이다. 그러므로 손을 씻는 것이 최고의 비법이다. 남극이나 북극, 영하의 나라에는 바이러스가 살지 못하기 때문에 감기가 없다.

감기 바이러스

감기를 일으키는 바이러스는 수백 종이 넘는다고 한다. 전문 지식 없이는 그것이 굉장히 작다는 것 외에는 박테리아와 다를 게 없어 보인다.

대부분의 바이러스는 10,000배 이상의 확대 비율을 가진 전자 현미경의 도움 없이는 보이지 않는다. 바이러스가 박테리아와 다른 점은 기생한다는 것과 살아있는 세포에서만 주인인 양 살아간다는 것이다.

바이러스가 세포 속에 들어가면 세포 자체의 정상 기능을 멈추게 하고, 다른 바이러스 개체를 생산한다. 세포가 터지면 그 바이러스는 다른 세포를 공격하기 위해 흘러나온다.

바이러스의 뜻은 라틴어 및 독일어로는 비루스(Virus)이다. 북한에서도 비루스라 하는데, 독(毒)을 의미한다.

일반 감기를 일으키는 병의 원인이라고 알려지기 전, 바이러스는 소아마비, 홍역 및 독감과 같은 질병을 일으키는 것이라고 알려졌다.

현재 알려진 사실은, 일반 감기의 원인이 되는 바이러스는 수백 종 이상에 달하며 그중 가장 널리 알려진 것은 리노 바이러스이다.

식물계에는 우호적인 바이러스가 있으며 여러 가지 식물들의 특성을 갖게 한다고 여겨진다.

감염 요인들

영국의 저명한 연구가들에 의하면 상당히 많은 경우에 있어 바이러스 단독으로 일반 감기를 일으키지는 않는다고 한다. 보통은 다른 요인이 결부되는데, 예를 들면 의사와 간호사들은 아침부터 밤까지 감기 바이러스에 노출되어 있지만 감기에 걸리지 않는다.

이것은 단지 감기 바이러스에 노출되어 있다고 해서 반드시 감기에 걸리는 것이 아님을 지적해 준다. 대개는 신체의 세포를 바이러스에 감염되기 쉽게 만드는 무엇인가가 있다.

사실 몇 가지 요인들이 관련되어 있다. 공기 오염, 따뜻한 날씨가 추워지고 건조하다가 습해지는 급작스러운 기후의 변화, 신체적 피로와 수면 부족, 정서적 혼란, 무절제한 식사로 인한 허약 상태 같은 것들이다. 한 외과 의사가 말하기를, 자신을 허약하게 만들 때만 바이러스가 그의 저항력을 넘어선다고 한다. 그러므로 자신을 허약하게만 하지 않는다면 주위에 재채기나 기침을 하는 사람이 있어도 두려워할 필요가 없다.

그러나 당신이 감기에 걸렸을 때 다른 사람이 함께 있다면 주의할

점이 있다. 그들이 허약한 상태라면 감염될 가능성이 있으니, 감기에 걸릴 것을 두려워한다면 조심하는 것이 최선이다.

미국의 유명한 한 영양학자는 감기의 원인으로 식사가 많은 관련이 있다고 한다.

그가 주장하기를, "설탕이나 함수탄소, 단백질과 같이 영양가가 풍부한 음식을 너무 많이 먹는 사람들에게 감기가 더욱 흔하다"고 했고, 또 다른 의사는 "과일, 채소, 정제 안 된 곡물로 만든 것과 같은 식품을 충분히 먹지 않는 데에 감기의 원인이 있다."고 한다. 의료 문제에 대한 평판 있는 저술가도 "감기는 주로 초콜릿이나 사탕을 먹는 데 기인한다."고 주장하고 있다.

그것은 목 점막을 자극하여 일반 감기를 일으킬 수 있는 어떠한 바이러스라도 공기 전염으로 감염될 수 있게 한다. 이러한 이유로 그는 주요 병 원인이 리노 바이러스(비강 바이러스)보다는 믹소 바이러스(점막 바이러스) 때문이라고 한다.

바이러스의 특성

감기를 일으키는 바이러스의 특성을 알아보자.

감기는 리노 바이러스와 아테노 바이러스가 있지만, 대부분 리노 바이러스라고 한다. 감기 바이러스는 무생물이면서 생물이라는 양면성을 가진 특이한 생물체이다.

감기 바이러스는 또, 세포 구조가 없고 세균보다 작다. 10,000배로 확대한 광학 현미경으로도 잘 볼 수 없다. DNA 또는 RNA 중 한 종류의 핵산을 가지고 있으며, 단백질 껍질의 형태만으로 존재한다고 한다. 생물체 밖에서는 단백질과 핵산의 결정체로 존재하며 독자적인 효소가 없어 스스로 물질대사를 하지 못한다. 물질대사를 하지 못한다는 것은 복제, 또는 스스로 증식하지 못한다는 것이다.

따라서 복제나 스스로 증식하기 위해 숙주 세포에 들어가 숙주 세포의 효소를 이용하여 물질대사를 한다.

여기까지가 감기 바이러스의 생물체 밖에서의 무생물적 특성이다.

생물적 특성으로서의 존재

감기 바이러스는 살아있는 생물체에 들어가면 숙주 생물 속 단백질 합성에 필요한 리보솜과 효소를 이용한다. 세포 내에서 그 세포의 물질대사 기구를 이용하여 물질대사를 하고, 그로 인한 유전 물질을 복제하여 또 다른 바이러스를 복제 증식하며 유전 현상을 나타낸다.

감기 바이러스는 암세포와 같이 다양한 변이와 변종을 만들지만, 다른 점은 증식과 변종을 스스로 만들지 못하고 살아있는 생물 세포(숙주)에 기생, 다양한 종류로 변이하여 생물계 및 의학계를 혼란에 빠트리는 무생물적 생물이다.

이런 특성을 가진 감기 바이러스는 해마다 다른 변종으로 나타나,

현재까지 200종이 넘는다고 한다.

감기 퇴치 연구진은 한 종류의 신약에만 집중하다가 감기 바이러스가 해마다 다른 변종으로 나타난다는 것을 알고, 한 가지 신약 개발이 의미가 없다는 것을 깨닫고 백기를 든 것이다. 지금까지 감기는 치료 약이 없는 이유다.

감기 퇴치 연구 사례

영국의 감기 연구소에서는 10년에 걸쳐 500만 파운드(미화로 800만 달러)를 들여 연구한 후, 결국 패배를 인정하였다. 영국 카디프의 웨일스 대학교 감기 연구소 소장 로널드 에클스 교수는 "감기를 일으키는 바이러스는 200종이 넘는데도 한 가지의 감기 치료제를 찾아내려고 하는 것은 마치 홍역 수두, 볼거리, 풍진을 단 한 번에 치료하려고 하는 것과 같다"고 말했다.

그는 이렇게 덧붙였다. "앞으로 모든 바이러스를 박멸할 수 있는 치료제는 나올 것 같지 않다. 우리로서는 기껏해야 지금보다 더 나빠지지 않기를 바라는 수밖에는 달리 방법이 없다고 생각된다."

영국 솔즈베리의 감기 연구소는 감기 치료법을 찾기 위한 44년간의 헛된 탐구를 끝내면서 지난여름 문을 닫았다. 감기 치료법을 찾는 일은 생각한 것처럼 간단한 것이 아님이 드러났다.

연구소장은 이렇게 말했다. "우리는 감기 바이러스가 한 가지만 있다고 생각하곤 했지요. 이제 거의 200종이 있다는 것을 알았으니 백신을 발견할 가망이 없습니다."

영국 정부 당국은 잉글랜드 남부의 윌트셔 주에 있는 국립 일반 감기 의료 연구소를 폐쇄하기로 결정하였다.

약 70년 전에 설립된 연구소는 일반 감기를 물리치는 효과적인 방법을 찾는 일에 집중적인 연구를 했었다.

그러나 성과가 없자, 프랑스의 '르 몽드' 지는 '그들(당국)은 그 연구소의 연간 교부금인 500,000파운드를 다른 곳에 사용하는 것이 더 좋을 것'이라고 지적했다.

연구소의 데이비드 티렐 소장의 말에 의하면, "아직도 온수욕이 감기를 치료하는 가장 좋은 방법"이라고 한다.

감기에 대한 대책

매년 겨울이 되면 당신은 감기 때문에 고생하는가? 이런 질문에 "그렇다."라고 대답하는 사람은 당신만이 아니다. 한 해에 두 번 이상 걸리는 사람도 있고, 겨우내 감기를 달고 있는 사람도 있다. 반면 감기에 한 번도 걸리지 않는 사람도 있다는 사실로 보아, 감기를 예방할 수 있는 희망이 존재한다는 걸 알 수 있다. 감기 예방이 어렵게 보이는 이유는, 사람과 사람 사이에 전염되는 능력이 비상하기 때문이다.

바이러스는 보통 현미경으로는 보이지도 않는 작은 미생물이며, 이들이 이동하는 방법은 여러 가지이다.

감기 환자가 기침이나 재채기를 할 때, 공기 중에 내뿜는 침방울을 다른 사람이 들여 마심으로써 전염이 된다. 그러므로 사려 깊은 사람들은 기침이나 재채기가 일어나려고 하면 재빨리 손수건으로 코나 입을 가려 다른 사람들에게 감염되지 않도록 한다.

콧물에 섞여 나온 바이러스는 세 시간에서 다섯 시간 정도 감염성이 있으므로, 환자가 어느 물건에 바이러스를 옮겼을 경우 시간이 지나도 감염당할 위험이 있다.

그러한 물건을 다루다가 손을 씻지 않고 입과 코에 넣거나, 음식을 먹음으로써 바이러스를 체내에 넣게 되면 감기에 걸릴 수 있다.

문 손잡이, 계단 난간, 식기 등, 여러 사람이 만지는 물건은 바이러스를 쉽게 옮기는 매개물이 된다.

밥상을 차리는 경우 그릇을 만질 때는 손을 대기 전에 씻음으로써 다른 사람들을 고려하라. 코를 풀어야만 할 경우에도 식기를 다시 만지기 전에 손을 씻는 것이 좋다. 그렇지 않으면 당신은 그릇에 감기 바이러스를 옮기고, 다른 사람에게 전염시키게 될 것이다.

영국 과학자들은 감기 바이러스가 어떻게 번지는지 보기 위하여 감기 환자의 코 안에 형광 물질을 넣었다. 자외선을 비추면 극소량의 형광 물질도 볼 수 있다.

광선에 의하여 극소량의 형광 물질이 환자의 손과 얼굴, 음식, 방안에 있는 물건 등 환자가 만진 곳 어디든지 묻어 있음을 확인할 수 있었다. 그와 비슷한 방법으로 감기 바이러스가 퍼질 수 있다.

여러 의학 잡지에서는 감기가 실제로 냉기(冷氣)에 의해 생기는 것이 아니고, 바이러스에 의해 일어난다고 발표하였다. 바이러스가 없다면 싸늘한 냉기를 쐬더라도 감기에 걸리지 않는다고 주장한다.

그러나 바이러스가 있으면 추운 기운이 감기를 더 잘 일으킨다고 한다. 몸을 차게 하거나, 감기 바이러스에 대한 저항력을 약화하는 것들을 되도록 피하는 것이 좋을 것이다. 신체의 건강 상태를 높이는 노력을 함으로써 감기에 대한 저항력을 기를 수 있다.

감기에 대해 어떻게 행동해야 하는지에 대한 제안들이 많이 나온다. 권위자들의 일치하는 의견은 "항생물질은 감기에 효과가 없으며 오히려 매우 해로울 것이다."라는 것이다.

감기 증세에서 벗어나는 데 아스피린은 좀 더 편안함을 느끼게 할 것이고, 기타 약들은 호흡을 자유롭게 하도록 도울 것이지만, 감기를 치료하지는 못하고 간접적인 효과만 줄 것이다. 일반적으로 '대중요법'이라고 한다.

일반 감기에 비타민 C가 좋다고 널리 알려졌는데 이에 관하여는 어떠한가? 비타민 C는 정상적인 신체 기능을 위해 필수적이며 합성 비타민제보다는 오렌지, 포도, 토마토 주스에 들어있는 자연 그대로의 상태가 더욱 좋다. 다량의 합성 비타민 C가 일반 감기를 치료하는가에 대한 문제는 논란의 여지가 있다. 어떤 사람들은 도움이 되었다고 하고, 또 어떤 사람들에게서는 반대 효과도 보고되었다.

감기를 일으키는 요인이 무엇이고, 어떻게 치료할 수 있는지 알면 예방하는 데 도움될 것이다.

이에 관하여 한 의사는 "잘 자고, 잘 먹고, 춥게 하지 마라. 몸조심하라. 그러면 감기에 걸리지 않을 것이다."라고 말했는데, 이는 적절하고 옳은 충고이다. 감기는 한 번에 단 한 가지 바이러스에 걸리게 되며, 그 뒤부터는 그것에 면역성을 가진다.

어린이는 일 년에 여섯에서 여덟 차례나 감기에 걸리지만, 60세가 되면 대부분 일 년에 한 차례만 걸린다.

증기 치료

이스라엘의 의사들은 "비강 고온 증기 치료로 감기의 징후를 제거하는 데 크게 성공을 보았다."고 보고한다. 두 개의 노즐이 달린 이 장치는 증류된 물(순수)을 증발시켜, 섭씨 43도의 뜨거운 증기를 두 콧구멍으로 들어가게 한다. 그러나 환자에게는 직접적으로 닿지 않는다.

캐플란 병원의 도브 오피르 박사는 이같이 말했다. "대부분의 경우 이 치료로 거의 모든 감기 징후를 추방하는 데 충분하다."

이 물리요법에 대한 아이디어는 파리의 파스퇴르 인스티튜트의 1965년 노벨 수상자 안뜨레루오프가 실시한 실험에서 얻게 되었다. 그는 "온도를 조금만 더 올려도 여러 바이러스 증식이 감소하였다."고 설명했다.

바이츠먼 인스티튜트의 아브라함 예루살미 박사는 "비강 고온 증기 치료를 받은 환자들 중 85%가 감기 증세를 면하게 되었다."고 보고했다. 두통과 불쾌감마저도 사라져 버렸다고 했다.

항생제 요법

뉴 사이언티스트지는 "항생제 과다 복용에 대해 보건 관리들의 반복되는 경고가 무시되고 있다."고 말했다.

미국의 9개 주에서 1만 명을 대상으로 설문 조사를 해 본 결과 32%는 "항생제가 감기에 효과가 있을 수 있다."고 믿고 있었고, 27%는 "감기에 걸렸을 때 항생제를 복용하면 더 심한 병을 예방할 수 있다."고 생각했으며, 48%는 감기 증상 때문에 병원에 가면 항생제를 처방해 줄 것으로 기대하고 있었다. 하지만 항생제는 감기 바이러스성 감염에는 효과가 없고, 오로지 박테리아성 감염에만 효과가 있다. 항생제 과다 복용은 약물 내성의 주요 원인으로 간주한다.

인터페론 요법

인터페론이란 척추동물의 면역 세포에서 만들어지는 자연 단백질로 바이러스, 박테리아, 기생충 등 외부 침입자들이 세포 안에 침입하여 증식하는 것을 억제하고, 면역 반응을 도우며 몸의 방어 기능을 하는 것이다.

바이러스 감염에 대항한 방어 수단으로, 몸 세포가 생산하며 여러 가지 부분에서 항체와는 다르다. 항체는 수가 증식하는 데 시간이 걸리지만, 즉시 효과를 발휘한다.

그러므로 "인터페론은 바이러스 감염으로부터 회복하는 데 중요한 임무를 수행할 만큼 올바른 장소에, 올바른 때 충분한 양이 존재해 있다."고 한다.

침입한 바이러스는 세포들이 인터페론을 생산하게 하는데, 인터페론은 광범위한 종류의 바이러스에 다 작용한다. 항체가 항원에 대해 작용하는 식으로 침입한 바이러스에 작용하지 않고, 몸의 세포 자체에 작용하여 바이러스의 영향을 중화하도록 해준다.

문제의 요인들

살펴본 바와 같이 세계 각국 감기 퇴치 연구진들은 수십 년간 수백만 달러를 투자, 연구하고 더 이상의 치료 방법과 신약 개발에 실패하여 백기를 들었다. 한의학에서도 몸에 열을 발생시키는 체열 상승효과를 기대한 약재 개발에 성공하지 못했다. 민간요법에서도 각종 수많은 방법을 제시하고 있지만, 확실한 효과 없이 제안에 불과할 뿐이다. 감기 바이러스에 대한 특성을 고려하지 않았기 때문이다. 알고 보면 쉽고, 모르면 어려운 것이 세상 이치다. 감기 치료 역시 알고 보면 쉽고 간단하다.

이는 비강고온 증기 요법을 두고 하는 말이다. 증기요법은 약이 아니라 기계(器械)적인 방법이다. 기계는 의사들의 영역이 아니다. 면허 없이 누구든지 기술만 있으면 만들 수 있다. 영역 독점을 위한 특허를 받지만 예외가 있다. 특허는 영리 목적에만 강제성이 있다. 비영리, 즉 개인 용도로 사용할 경우 특허로서 강제할 수 없다. 비영리는 특허권을 벗어나기 때문이다. 더 중요한 것은, 증기를 발생시키는 기구는 너무 간단하여 누구나 쉽게 만들 수 있다. 영리 목적으로 기구를 개발하지 못하는 이유다. 영리가 가능하였다면 지금쯤 머리 좋은 전문 엔지니어들이나 박사들이 더 좋은 기구를 개발하여, 감기는 인간 역사에서 멀리 사라졌을 것이다. 이런 이유로 문제가 되는 것이 인간 존엄성보다 이익을 우선으로 하는 상업이다. 이익이 우선인 이기적인 상업의 경제 구조가 인류의 염원 감기 치료의 발목을 잡은 것이다.

감기 치료 체험기

감기도, 코로나 19도 뜨거운 물을 마시면 어떻게 될까?

첨단 의학도 두 손 들어버린 감기. 노벨 의학상 수상자의 '비강고온 증기 치료법'과 그것을 응용한 열 치료법이 있다. 감기는 상기도에 증식하는 바이러스에 의한 질병이다. 다시 말하면 온도가 낮은 겨울 질병이고, 체온보다 낮은 온도를 좋아한다. 살아있는 생물 세포를 좋아하기 때문에 사람에게 달라붙어 비강 기도에서만 숙주 기승을 부리는 질병이며, 겨울철 찬 공기가 들어오는 코와 목에서만 기생한다.

암세포는 인간 체온과 같은 온도를 좋아하고, 인간 체온보다 약간 높은 39.5도에서 사멸한다고 한다. 반면 겨울철 감기 바이러스는 인간 체온과 같은 온도는 싫어하여, 찬바람이 들어오는 기도에 기생한다. 사람의 체온보다 약간 낮은 온도를 좋아한다는 것을 알 수 있다.

그래서 감기 바이러스는 위장이나 내장기관에 기생하지 못하고, 신체 온도보다 낮은 상기도에서만 기생한다. 감기 바이러스는 체온인 36.5도 이상이면 치명적이다. 그래서 노벨 의학상 수상자가 밝힌 '비강고온 치료 방법'에서 증기를 43도에 맞추고, 노즐을 통해 코로 숨을 쉬게 하니 대부분(80%)의 감기 증세가 호전된다고 하였다.

호전 80%는 감기가 초기 단계이거나, 증기를 좀 더 오래 지속시키지 못한 것으로 판단되며 나머지 20%는 오래된 감기로, 바이러스가 세포 속으로 파고들어 더 많이 증식하였을 것이라고 생각된다. 감기 진압의 골든타임은 초기이다.

열 치료 방법

1. 증기를 코로 숨 쉬게 한다.
2. 65℃의 물 400cc를 조금씩 천천히 마신다.
3. 증기와 뜨거운 물을 병행한다. 이때, 효과는 극대화된다.
4. 소금물 양치와 가글, 그리고 소금을 약간 먹는다.

바이러스뿐만 아니라 모든 생명체는 이상 온도에서 죽는다.
바이러스는 천연 항생제 소금에 닿는 순간 죽는다.
원리는 간단하다. 어렵게 생각하는 것이 문제다. 변이되는 바이러스를 약으로 죽이려고 하니 어려운 것이다. 1965년 노벨 의학상 수상자 앙드레 미셸 르보프의 비강고온 증기 치료가 개발되었지만, 약이 아니기 때문에 세상에 없다. 진리는 단순하고 간단하다는 것 또한 진리이다.

제2부

한의학으로 본 물

【정영훈 한의사 편】

한의사 정영훈 약력

대구 한의대 졸업, 심침학회 정회원,
도원 한의원 강남 역삼점, 도원한의원 분당
미금점 운영.

한의학 개론

우리는 깨끗한 물을 원한다. 일반적으로 깨끗한 물이라고 하면 증류수를 꼽는다. 얼마 전까지만 해도 맞는 말이었다. 하지만 지금은 첨단 과학, 의학, 식품에서까지 증류수보다 깨끗한 초순수를 사용한다.

인간의 생존 목적은 행복이고, 행복은 건강이 받침 되어야 한다. 그것은 변할 수 없는 절대적인 법칙이다. 건강제일부, 인간 오복수위선이라는 말이 있고, 건강은 수위선의 수(壽)에 해당하기 때문이다.

우리가 수(壽)를 위한, 건강을 유지하는 데는 물이 차지하는 비중이 제일 크다고 한다. 인체의 70%, 혈액의 98%가 물이기 때문에 사람은 걸어 다니는 물 주머니라고도 한다. 그래서 동서고금을 통해 건강과 생명 유지에는 먹을 수 있는 좋은 물이 최고라고 한다. 먹어서 좋은 물, 건강에 좋은 물, 내 몸에 좋은 물은 어떤 물인가? 그리고 지금 내가 먹고 있는 물은 어떤 물인가?

동의보감에서의 물

2009년 7월 유네스코 세계기록문화유산에 등재된, 우리 민족 전통의학의 자랑 허준의 '동의보감'은 물을 아주 중요하게 다루고 있다고 한다. 약재에 대한 설명에 앞서, 가장 먼저 말하고 있는 내용은 바로 약에 쓰이는 물이다. 약재도 중요하지만, 약을 달이는 물도 아주 중요하다. 동의보감에서는 물이 인간의 건강과 수명에 미치는 중요성에 대한 언급과 함께, 물의 종류를 34가지로 나누어 각각의 쓰임새와 특성을 논하고 있다.

약재보다 물에 대해 먼저 언급하는 이유는, 동양철학에서는 무형의 기운이 유형화되는 첫 번째 단계가 물(水)이라고 보기 때문이다. 이는 지구 생명의 시작이 물에서부터 시작되었다는 론수품(論水品)에서 물의 품질에 대하여 언급하고 있다. 그 내용을 잠시 살펴보면, '물은 일상적으로 쓰는 것이라 사람들이 흔히 얕잡아보는데, 그것은 물이 하늘에서 생겼다는 것을 알지 못하기 때문이다. 사람은 물과 음식에 의해 영양을 받는다. 그러니 중요한 것이 아니겠는가. 살찐 사람도 있고, 여윈 사람도 있으며 오래 사는 사람도 있고, 오래 살지 못하는 사람도 있다. 이런 차이가 생기는 원인은 흔히 수토(水土)가 같지 않기 때문이다.

물이 하늘에서 생겼다는 것은 무형의 기운이 유형화되는 첫 번째 단계가 물이라는 의미이다. 물의 근원은 氣(에너지)이며, 氣가 응축되어 물이 되었음을 말한다. 사람은 물과 음식에 의해 몸을 구성하고 생명을 유지하므로, 재료가 되는 물과 음식이 어떠한가에 따라 체형과 체질이 바뀌며 수명까지 달라진다는 것을 알려준다.

동의보감에서는 피부병 같은 것을 치료하는 외용과 속병을 치료하는 데 쓰는 물을 구분하고 있다. 그 34가지 물의 구분은 아래와 같다.

동의보감 속 34가지 물 종류는?

1) 정화수(井華水), 2) 한천수(寒泉水), 3) 국화수(菊花水), 4) 납설수(臘雪水), 5) 춘우수(春雨水), 6) 추로수(秋露水), 7) 동상(冬霜), 8) 박(雹), 9) 하빙(夏氷), 10) 방제수(方諸水), 11) 매우수(梅雨水), 12) 반천하수(半天河水), 13) 옥유수(屋流水), 14) 모옥누수(茅屋漏水), 15) 옥정수(玉井水), 16) 벽해수(碧海水), 17) 천리수(千里水), 18) 감란수(甘爛水), 19) 역류수(逆流水), 20) 순류수(順流水), 21) 급류수(急流水), 22) 온천물(溫泉), 23) 냉천(冷泉), 24) 장수(漿水), 25) 지장수(地漿水), 26) 요수(潦水), 27) 생숙탕(生熟湯), 28) 열탕(熱湯), 29) 마비탕(麻沸湯), 30) 조사탕(繰絲湯), 31) 증기수(甑氣水), 32) 동기상한(銅器上汗), 33) 취탕(炊湯), 34) 육천기(六天氣)

이중 속병을 치료하는 물에 해당하는 빗물이 13종이며, 나머지는 모두 외용이다.

세분화된 물 종류

1) 물을 저장한 후, 오랜 시간 두어 불순물을 가라앉혀 위의 맑은 물만 취하는 방법.

2) 공기 중에 증발되어 있다가 땅으로 다시 내리는 비, 눈, 우박, 이슬, 서리 등을 취수하는 방법.

3) 수증기가 뚜껑에 맺힌 물방울을 얻는 방법.

약재와 외용으로 쓰는 물

1) 정화수(井華水) 약재에 쓰는 물

정화수는 새벽에 처음 길은 우물이다. 이는 밤새 불순물은 밑으로 가라앉고, 위의 맑은 물을 얻었음을 의미한다.

'깨끗한 것을 좋아하는 사람들은 매일 이 물에 차를 달여 마시고 머리와 눈을 깨끗하게 씻는데, 아주 좋다고 한다. 정화수의 성질과 맛은 눈 녹은 물(雪水)과 같다'라고 되어있다. 동의보감은 순수(H^2O)를 얻는 방편으로 새벽에 우물물을 처음 긷는 방법을 이용했음을 알게 된다.

2) 한천수(寒泉水)

찬 샘물, 즉 좋은 우물물(好井水)이다. 우물물을 새로 길어다 독에 붓지 않고 여기에 약을 넣어 달인다. 아무것도 섞이지 않은 순수(H^2O)를 얻는 방법으로 물을 새로 길어오는 방법을 이용했다.

3) 반천하수(半天河水)

'장상군(長桑君)이 편작(扁鵲)에게 주어서 마시게 한 상지(上池)의 물이 참대 울타리 위 끝의 구멍에 고였던 물이었다. 이 물은 하늘에서

내려와 땅에 더럽혀지지 않은 물이다. 그러므로 늙지 않게 하는 약을 만들 때 쓸 수 있다. [정전]'

우물물 외에도, 조상님들은 나무의 구멍에 고여 있는 맑은 윗물을 길러 약을 만드는 데 사용했음을 알 수 있다.

4) 방제수(方諸水)

방재(方諸)라는 것은 큰 조개를 말한다. 달빛에 비추어 물을 2-3홉 받은 것을 말하는데, 아침 이슬과 같다.

이를 통해 조상님들은 따뜻한 시기에는 이슬이나 빗물로, 서늘한 시기에는 서리로, 추운 시기에는 눈으로 순수를 얻었음을 알 수 있다.

5) 증류 이용 방법

⑴ 증기수(甑氣水)

밥을 찌는 시루 뚜껑에 맺힌 물을 말한다. 밥을 짓는 동안 물과 곡식에서 증발한 수증기가 뚜껑에 맺히는데, 이를 감로수라고 한다.

⑵ 동기상한(銅器上汗)

음식을 담은 그릇 뚜껑의 열기로 인해 증발한 수증기가 구리 뚜껑에 맺힌 물을 말한다.

외용으로 사용하는 물

1) 벽해수(碧海水)

짠 바닷물을 말한다. 성질은 약간 따뜻하고 맛이 짜며, 약간의 독이 있는데 이 물을 끓여서 목욕하면 풍으로 가려운 것과 옴이 낫는다. 1홉을 마시면 토하고 설사한 다음 식체로 배가 불러오고, 그득하던 것이 낫는다. 독이 있어 마시는 물로는 사용하지 못하고, 피부병을 고치는 외용약으로 사용한다.

2) 온천물(溫泉)

온천물은 성질이 열(熱)하고 독이 있기 때문에 마시지 말아야 하며, 온천 밑에는 유황(硫黃)이 있기 때문에 물이 덥다. 유황으로는 여러 가지 헌 데를 치료할 수 있으므로, 유황이 들어있는 온천물도 마시지 말아야 한다.

한의학에서의 수독증

몸속의 물(한방에서는 진액이라고 한다)이 대사가 되지 않아서 생기는 증상을 한방에서는 습증(濕症)이라 하며, 장마철에 흐리고 비가 자주 올 때를 연상하면 된다. 어둡고, 축축하고, 답답하고(대사가 안 된) 공기 순환이 안 되어 곰팡이가 낀다. 이런 자연계(대우주)의 현상이 우리 몸(소우주)에서도 똑같이 일어난다.

수독증의 원인

여러 가지 찬 것, 예를 들어 찬물이나 얼음물, 아이스크림, 팥빙수 등을 많이 먹으면 몸 안의 기운이 차가워진다. 생것을 많이 먹는 것도 수독증의 원인이 된다(회를 많이 먹거나, 속이 찬 체질인데 생채소를 많이 먹는 것). 맥주나 소주같이 성질이 차가운 물을 너무 많이 마시는 것, 수박 같은 과일을 차갑게 하여 많이 먹는 것, 에어컨을 빵빵하게 틀고 시원하게 지내며 몸을 움직이지 않는 것, (추운 환경은 몸의 대사를 방해한다) 과로, 스트레스, 수면 부족 등도 수독증의 원인이 된다.

수독증 치료 방법

수분 대사를 도와주고, 진액을 말려서 에너지로 전환 시켜주는 것, 비 온 뒤 땅에 스며든 물이 하천과 강으로 잘 흘러나가게 막힌 곳을 뚫어주는 것처럼 몸의 수분 대사를 도와준다. 밝은 햇살과 바람이 비가 온 뒤의 축축해진 땅과 습한 대기를 날려주듯, 수액을 에너지로 전환 시켜주는 것을 이용한다. 수독증 차는 체내의 수독을 해독하며 수분 대사를 도와주고, 에너지로 전환시켜 몸의 수액과 기가 잘 흐르게 하는 차이다.

공기는 갇혀있으면 탁해지고, 물은 고이면 썩는다. 순환이 잘 되는 공기는 절대로 탁해지지 않으며, 흐르는 물은 맑음을 항상 유지한다. 流(흐를 류)는 法(법 법)과 일맥상통한다. 몸의 수액과 기가 잘 흐르는 것(流)은 건강해지는 법(法)의 기본(本)이다.

한의학에서 담적(痰積)

담적의 원인

스트레스로 인한 폭식, 과식 등 잘못된 식습관으로 위에서 음식물을 제대로 소화하지 못해, 부패한 음식물 찌꺼기가 독이 되어 각종 질환을 일으키는 것을 담독소라고 한다.

담독 초기에는 속이 더부룩하여 소화가 잘 안 되고, 조금만 먹어도 포만감이 오고, 잘 체하고, 속이 쓰리거나 신경성 위염, 과민성 대장 증후군, 심한 입 냄새, 안구 건조증도 생긴다. 담독이 지속되면 위장뿐만 아니라 혈액에도 쌓이며 신경계와 뇌에도 영향을 주어 두통, 어지러움, 건망증, 심하면 치매 같은 병으로 이어질 수 있다고 한다.

여성에게 담독이 생기면 생리통, 생리불순, 자궁염, 방광염, 생식기 장애도 동반하게 되고, 신경이 예민해지면서 우울증이 오거나 간 기능이 떨어져 만성 피로가 오기도 하며, 여드름, 체중 증가와도 무관하지 않다고 한다.

대부분의 질병은 속이 깨끗하지 못한 결과이다.

위와 장 청소, 피를 맑게 하는 역할은 물이 한다. 몸에 깨끗한 물을 충분히 채우면 건강도 달라진다. 깨끗한 물이란 초순수 이상은 없다.

제3부

통합 대체의학

【류덕호/운강 편】

류덕호/운강(雲江) 약력

부산광역시 의료원 임상노화 연구소 전 고문 | 홀론 의학 대체의학 사상가 | 삼성신약 회장 | LCM에너지 솔루션 LCM사이언스 그룹 부회장 | (주)위드팜 농업 회사법인 상임고문 | 사단법인 다문화 지구촌 센터 상임 회장 | FDA등록검사 아시아 본부 전 회장 | IBN한국방송 초기회장 | 수기엔덱 상임기술고문 | (주)현대광학 회장 | 현대안경 원장

기고자 소개

나 운강(雲江)은 부산의료원 임상노화 연구소 전 고문/홀론 의학 대체의학 사상가/현 삼성신약 회장/LCM에너지 솔루션 LCM사이언스 그룹 부회장/㈜위드팜 농업 회사법인 상임고문/사단법인 다문화 지구촌 센터 상임 회장/FDA등록검사/아시아 본부 전 회장/IBN한국방송 초기회장/수기엔텍 상임기술고문/㈜현대광학 회장/현대안경 원장, 특히 신약회사를 경영하면서 현대의학과 한의학의 신 동의보감, 그리고 농업 생명연구소에서 대체의학 등, 약학 연구에 더하여 보완대체의학의 미래 홀론의학 전일사상 철학자이기도 하다.

현대의학, 한의학, 대체의학, 홀론의학에서 사람을 살리는 주된 물질은 물이라는 사실과 산업을 살리는 것은 전기라는 사실을 알게 되면서 먹는 물은 사람을 살리고 전기는 산업을 살린다는 것에서 세계 최초 기계식 전력증강 발전기와 가정용 발전기를 개발, 그리고 1988년 우리나라 최초 가정용 증류식 정수기를 개발, 보급하였다. 증류수는 동의보감에서 탕제에 쓰는 물 중에 으뜸으로 알려진 상지수(上池水)를 말한다. 상지수는 증류수이기도 하지만 하늘 물이기도 하다. 하늘 물은 필자의 아호 운강(雲江)과 같은 뜻이다. 동의보감에서는 증류수를 최상의 약수라고도 하지만 먹는 물로도 최상의 물로 사용하고 있다. 하지만 그것은 옛날 이야기고 이제는 현대 과학 기술로 증류수를 능가하는 물이 초순수라는 것을 밝힌다.

항노화에 대하여

나 운강은 항노화 전문가 그룹에 속해있고, 항노화나 노화를 느리게 진행되게 하는 수많은 연구에 몰입하고 있다. 그중 가장 경제적이며 효과적인 방법은 체세포 건조를 부추기는 나쁜 생활 습관들이다. 몸이 건조해지는 것을 막으면 내장기관이 활발해지고, 피부도 촉촉해지고, 윤기가 흐르면서 노화도 느려진다. 체수분도 항노화 조건의 한 부분이다. 체수분율이 최고인 초순수를 마시면 세포 건조와 항노화 효과를 볼 수 있다. 몸이 건조해지지 않으려면 수분을 충분히 섭취해야 하는데, 전기가 통하는 일반 물에는 양날의 검 같은 성질이 있다.

입으로 들어오는 수분은 위나 장에서 흡수되어 혈액으로 들어가고, 마지막에 우리 몸을 이루는 60~70조 개의 세포에 흡수된다. 수분이 혈액으로 흡수되지 못하고 위나 장에 고이는 것을 수독증의 원인이라고 한다.

우리 몸 장기들은 수분과 진액을 동력으로 기능한다. 섭취한 수분이 위장으로 들어가서 혈액과 함께 온몸에 운반되더라도, 세포 속으로 충분히 흡수되지 못하고 피하 세포 사이에 고이게 되면 부종의 원인이 된다. 그래서 물만 마셔도 살이 찐다고들 한다.

촉촉한 피부와 젊고 탄력 있는 근육, 뼈와 내장을 유지하는 데 필요한 수분은 세포 속 수분이다. 세포는 수분과 염분이 균형을 이룬 상태에서 물을 받아들이지만, 염분이 부족한 물은 거부하게 된다. 염분이 없는 물만 계속 마시면 세포는 탈수상태가 되고, 우리 몸속에서는 통증, 부종, 수독증 등 다양한 노화 현상이 나타나게 된다. 세포가 젊으면 쉬이 늙지 않는다.

이왕 마시는 물, 세포를 촉촉하게 만들어 젊음과 활기를 되찾을 수 있도록 염분과 수분이 균형을 이룬 물(초순수)을 마시는 것이 좋을 것이다.

요(尿)료법에 대하여

베니스트 논문에서 다음과 같이 결론을 내렸다.

백혈구에 대한 항체가 하나도 없는 맹물인데 면역 반응을 한다는 것은, 물에는 보이지 않는 에너지 장(場)이 있어 기억하는 성질이 있기 때문이다. 당시에는 물의 에너지 장에 대한 개념이 없었기 때문에 이 논문은 시빗거리가 되었다. 뱅베니스트의 연구는 전통 면역학이나, 생화학이나 약리학에 대한 모욕이었기 때문이다. 이후 큰 논란이 일었고, 네이처에서는 마술사가 포함된 조사단까지 파견하여 뱅베니스트의 연구실을 방문, 재실험하였다. 총 7회의 실험 중 처음 4회에서는 동일한 결과를 얻었지만, 조사단이 실험 조건을 바꾼 뒤에는 실험이 재현되지 않았기 때문에, 실험의 통계 처리에 문제가 있다는 결론을 내렸다. 이 일이 발단이 되어 결국 뱅베니스트의 논문은 주류 과학계로부터 비과학적이라는 판정을 받았으며, 런던의 유니버시티 칼리지(University College)에서 행한 실험에서는 뱅베니스트와 같은 결과를 얻을 수 없었다고 발표하였다. 뱅베니스트는 1993년, 국립의학연구소에서 면역의학부 책임자 자리를 박탈당하게 되었고, 국제적인 명성까지도 모두 잃게 되었다. 하지만 가장 최근 2001년 3월, 영국의 가디언지는 벨기에의 로버프로이드 교수의 주도하에 프랑스, 이태리, 벨기에, 네덜란드의 독자적인 연구팀에서 뱅베니스트의 실험을 재현하였고, 모두 뱅베니스트와 동일한 결과를 얻을 수 있었음을 보고하였다.

요(尿)료법은 소변을 마심으로써 건강을 유지한다는 방법이다. 소변은 몸에서 배설한 일종의 쓰레기인데 이것을 어떻게 약으로 사용할 수 있을까. 의사가 소개하는 요료법에 관한 책도 동종요법의 원리로 설명한다. 질병에 의해 인체에 일어나는 반응은 자연 치유 과정에서 나온다고 보고, 증상을 더욱 강화시켜 줌으로써 치유 과정을 촉진할 수 있다는 원리이다. 그런 면에서 소변이야말로 자연 치유력을 증강시켜 줄 수 있는 최상의 물질이다. 소변은 인체를 순환하면서 인체가 가지고 있는 자연 치유력의 정보를 그대로 담아온다. 자신의 소변에는 자신에게 가장 좋은 자연 치유력이 담겨 있는 것이다. 동종요법의 원리에 따르면, 어린아이의 소변이 좋은 것이 아니라 자신의 소변을 사용하는 것이 가장 효과적인 요료법이다. 하지만 소변은 소변일 뿐 냄새가 나는 것은 물론이고, 선뜻 복용이 내켜지지 않는다. 요료법의 원리가 소변에 있는 물질이 아니라 자연 치유력을 이용하는 것이라면, 요료법에서도 동종요법의 원리를 사용할 수 있다.

예를 들어 소량의 소변을 페트병에 넣어 물과 희석하고, 격렬하게 여러 번 흔든 뒤 복용하면 일반적인 요료법과 같은 효과를 낼 수 있을 것이다. 모든 치료법들은 내성이 생기는데, 약을 한꺼번에 많이 먹으면 해로운 것처럼 수치가 높은 사포닌도 많이 먹으면 해롭다. 물도 마찬가지이다.

혈액의 정상 삼투질 농도는 체중 1kg당 280~295mOsm 범위이고, 대부분 삼투질 농도는 혈액의 나트륨 농도에 의하여 결정된다. 나트륨은 세포 바깥 물에 가장 많은 이온으로 우리 몸의 체액 상태를 반영한다. 즉, 나트륨이 많으면 과다 상태, 적으면 부족 상태이다.

그러나 고나트륨 혈증은 나트륨의 양보다 농도를 나타내는 표현으로, 우리 몸의 수분 균형을 반영한다. 혈액의 정상 나트륨 농도는 1L당 140mmol 정도이고, 135mmol 미만인 경우를 저나트륨 혈증으로 정의한다. 저나트륨 혈증은 혈액의 삼투질 농도를 낮추기 때문에, 수분이 세포 안으로 이동하게 된다. 우리 몸의 수분이 과다할 때 발생하는 저나트륨 혈증의 원인으로는 이뇨제 사용, 구토, 설사, 췌장염, 장관폐쇄, 화상, 과도한 발한, 출혈, 갑상선 기능 저하증, 울혈성 심부전, 간경화, 신증후군, 코르티코이드 호르몬 이상 등이 있다.

증상으로는 개인에 따라, 저나트륨 혈증의 발생 속도에 따라 다르며 일반적으로 혈액의 나트륨 농도가 1L당 125mmol 미만으로 저하되기 전까지는 의미 있는 증상이 나타나지 않는다. 수분이 뇌세포 안으로 이동하게 되면 전체적으로 뇌가 붓는다. 이는 여러 가지 다양한 신경학적인 증상을 일으키는데 가벼운 증상으로는 두통, 구역질 등이 나타나고, 심하면 정신 이상, 의식 장애, 간질, 발작 등이 나타날 수 있으며 아주 심한 경우 사망에 이를 수도 있다.

나트륨 농도를 교정하기 위하여 지속적인 감시가 필요하기 때문에 대부분 입원 치료를 요한다. 저나트륨 혈증의 정도가 심한 경우, 혈관으로 높은 농도의 나트륨이 포함된 수액을 일정한 속도로 투여하며 자주 피검사를 하여 교정한다. 경미할 시에는 맹물 마시는 것을 제한하고, 경우에 따라서는 이뇨제(소변의 양을 증가시키는 약)를 투여하기도 한다. 일차적인 교정이 끝나면 저나트륨 혈증을 유발한 원인 질환에 대한 치료를 시행하여, 향후 저나트륨 혈증이 재발하지 않도록 한다.

관련 질병으로는 염분 소실성 신증, 코르티코이드 결핍, 설사, 구토, 췌장염, 위장관 폐색, 발한, 화상, 출혈, 갑상선 기능 저하증, 울혈성 심부전, 간경화, 신증후군, 일차성 다음 다갈증, 호흡기/종격동 종양, 십이지장암, 췌장암, 전립선암, 자궁암, 비인두암, 백혈병, 뇌종양, 뇌농양, 경막하혈종, 뇌염, 뇌수막염, 전신성 낭창, 지주막하출

혈, 두부외상, 급성 정신병, 결핵, 폐렴, 농흉, 급성 호흡부전, 만성 폐쇄성 폐질환, 양압 인공호흡 등이 있다.

이 모든 것을 해결할 수 있는 방법으로 체수분율이 높은 초순수를 마실 것을 추천한다.

양자 파동수(波動水) 치료에 대하여

1920년, 세계 최초로 인간의 암 바이러스를 추출해 소금에 절인 돼지고기를 배양하여 400마리의 쥐에 주사하였다. 그 후 그는 암 바이러스가 스스로 파괴되도록 하는 전자기(電磁氣) 에너지를 가진 주파수를 발견했다. 1930년, 미국정부에서 지정한 병원에서 16명의 말기 암 환자를 선정하여 주파수 치료를 하는 임상 실험이 있었다. 치료 후 3개월 내에 14명이 완치되었다는 사실을 전문 위원회(Committee)가 인정했고, 나머지 2명도 주파수를 일부 조정하여 치료한 결과 4주 내에 완치된 놀라운 결과를 보게 되었다. 1931년 11월 20일, Rife 박사는 미국의 가장 저명한 의학계 44명의 인사들로부터 The End All Diseases란 상을 받게 된다. 그 후 박사는 지구상에 존재하는 인체 생물 병원균은 고유의 분자 진동패턴을 갖고 있으며, 이에 대응하는 주파수로 공격하여 치료할 수 있다는 것을 알아내고 그 주파수를 '바이오파동'이라고 칭하였다.

이 획기적인 치료 방법이 개발되어 오는 중, 거대한 자금과 조직력을 가진 미국의 약·의학협회에서는 치료법이 자기들의 터전을 송두리째 뒤흔들 위험요소라고 간주하고, 이 일에 관여한 사람들에 대해 중상, 모략, 테러를 가하였다. 치료 효과를 공식적으로 인정했던 의학계 인사들의 입을 막았고, FDA에 압력을 행사하였다. Royal Ramond Rife 박사와 함께 참여하였던 의학박사들은 의문의 사고와 화재로 목숨을 잃었고, 박사의 연구실도 의문의 화재를 당해 자료를 다시 만드는 데 3년이란 세월이 걸렸다. 결국 Rife 박사도 병원에서 의문사를 당하고 말았다. 하지만 Rife 박사의 기술을 이어받은 끈질긴 학자들에 의해 1998년, 특허를 획득하여 세계로 퍼져 나가고 있다.

5,216가지로 알려진 우리 신체의 모든 부위는 58Hz 이상의 측정 가능한 고유의 주파수를 발산하는데, 주파수가 정상 이하로 떨어지면 그 부위는 무기력해지고 질병이 침투하여 문제가 된다. 이 부위에 대응하는 특정한 주파수로 병을 공격하도록 임상을 마친 발명품이 바로 Rife 박사가 50여 년간 끈질긴 연구와 임상 실험을 통해 고유의 주파수를 정리한 '바이오파동' 치료기다. 치료 한 번에 약 3백만 개의 병원균이 죽으며 토해내는 독소는 일시적으로 증세를 악화시킬 수 있으므로, 파동수(水)를 지속적으로 마셔서 독소를 배출해 주어야 한다.

양자 파동수(波動水) 광고에 대하여

'세계적 연구 개발자가 직접 양자파동 검측기로 5,000여 종류의 파동에서 뇌파, 정서, 병원성, 유전성, 차크라, 내분비, 면역, 소화, 영양 상태, 50가지 인체 위험지수, 한방처방 류, 미네랄, 아미노산, 척추, 경락, 경혈, 컬러 등을 분석하여 본인에게 필요한 파동을 확인하여, 자기 맞춤으로 양자파동 물(水)이나 치료수 화장수를 만들어 준다고 한다.'라는 최근 광고를 보고 파동수를 찾는 분들이 늘어나고 있다. 하지만 탄산칼슘, 무기미네랄이 있는 석회수의 양자파동, 즉 생체파동을 전사(입력)하게 되면 무기미네랄의 농도에 따라 전혀 다른 파동수가 되기 때문에, 파동수(水) 역시 무기미네랄의 영향을 받지 않는 초순수를 사용해야 완벽한 생체주파수 치료 효과를 볼 수 있다. 무기미네랄은 석회가루인데, 그것을 파동수로 눈이나 피부에 뿌리면 어떻게 될까?

초순수는 물에 용해된 무기, 유기, 미생물 등 각종 불순물을 완전 제거한 평행수이기 때문에 안전하다. 초순수로 만든 파동수는 약으로 쓰면 엄청난 효과를 볼 수 있다. 일종의 플라시보 효과라고 할 수 있다. 초순수 파동수는 세포 활성화, 피부 노화, 다이어트, 혈액순환 등 대사활동을 촉진, 수독증이나 각 신체 부위를 활성화시켜 인체의 물 치료 핵심이 된다.

우리는 4차 산업혁명의 시대를 넘어 위드 코로나 산성화 시대를 살아가고 있다. 우리가 즐겨 마시는 각종 가공 음료와 패스트푸드 대부분은 산성식품이다. 내 몸이 병들지 않게 지키는 방법은, 내 몸이 산성화되지 않도록 하는 것이다. 초순수는 산성도, 알칼리도 아닌 평행수이기 때문에 중화 작용을 한다. 초순수는 약은 아니지만, 이미 병원에서 치료수로 쓰고 있다. 초순수는 답을 알고 있다. 초순수 파동수는 일반 물보다 물의 크기(Cluster)가 20,000배 작고, 파동수치가 10배 이상 높으며, 흡수율, 즉 체수분이 높아 피부세포가 촉촉해지고 성인병과 혈액순환에 도움을 주어 건강한 삶을 살 수 있다.

추천 도서

『내 몸이 의사다』 전세일 박사 지음

『진리의 힘 건강 통찰』 양한수 지음

『물 치료의 핵심이다』 F 뱃맨겔리지 지음

『물은 답을 알고 있다』 에모토 마사루 지음

『노화는 세포 건조가 원인이다』 이시하라 유우미 지음

하늘이 내린 신의(神醫), 이 시대의 화타(華陀)들을 만나다

천하 명의가 가장 쉽게 되는 방법.

생명의 근본인 염도를 매일 체크하여 초순수로 0.9%를 맞추면 면역력이 상승하고, 36.5도의 체온이 유지되어 자연 치유력을 높이며

장 내 유익균들이 활성화됨으로써 무병장수의 원동력이 된다.

"인간은 태어날 때부터 몸속에 100명의 명의를 지니고 있다." 의성 히포크라테스의 일성이다. 이 말에는 병을 치료하는 것은 우리의 몸 자체이며, 의료 행위는 몸이 낫는 과정을 돕는 최소한의 역할에 그쳐야 한다는 그의 철학이 담겨 있다. 하지만 현실은 어떠한가? 대부분의 사람들에게는 아프면 병원에 가거나 약을 사 먹는 것이 '무조건 반사'적인 행동으로 나타나고 있다. 약과 병원 치유에 대한 믿음이 거의 맹신 상태라고 할 수 있을 정도이다. 물론 우리는 현대의학을 외면할 수 없다. 하지만 작금의 의료 환경과 병을 대하는 사람들의 태도 속에는 반성해야 할 부분이 분명히 있다. 현대의학에 너무 의존하고 있는 것은 아닌가? 내 몸을 믿고 기다려야 하는 상황에서도 참지 못하고 병원에 가고, 약을 복용하고 있는 것은 아닌가? 약은 자연 치유력을 방해하는 존재이다. 당장 불을 끄는 데는 물이 최고이듯, 화학 약물은 질병 치유에 당장 효과는 있으나 반드시 부작용이 따른다.

어떤 부작용인가?

바로 자연 치유력을 회복하는 능력을 죽여 버린다. 자연 치유능력을 지키는 일은 항생제나 소염진통제, 스테로이드성 약물 복용을 최소화하는 것이다. 물 치유가 얼마나 소중한지 SBS 스페셜 〈물 한 잔의 기적〉을 보라! 한국 사람 80% 이상이 고통받는 무기력과 불면

증, 두통, 변비, 스트레스, 당뇨, 골다공증, 고지혈증 등 원인이 체수분 부족임을 알고 2개월간 생수를 섭취시켜 치료된 결과로 증명했다. 인체의 70%가 물이다. 물은 혈액을 묽게 만들어 12,000km나 되는 혈관 구석구석에 심장의 무리 없이 혈액을 공급한다. 이때 가장 좋은 물은, 필자의 경험으로는 체수분율이 높은 초순수이다. 필자는 초순수로 혈액 염분을 맞춰 대장암을 완치시켰으며, 지금도 초순수로 면역체의 70~80%가 있다는 장의 건강을 관리하고 있다. 장내 유익물질인 단쇄 지방산은 장의 산도를 조절해 건강한 유익균들의 성장을 돕고 면역을 조절하는 등, 다양한 기능을 한다. 이때 000수를 많이 마시게 되면 산도 조절에 문제가 생겨 장 누수 현상과 암모니아 황화수소 등이 발생하고, 혈액을 따라 간과 벽 뇌세포에 이상을 만들어 온몸에 독소로 작용한다. 그런 독소가 배출되지 않아 면역력이 떨어져 만병의 근원을 초래한다.

의학의 근본과 대체의학

의학의 근본에 대해 학문적으로 정의해둔 게 있는 모양이다. 체계화된 이론보다 전에 유행하던 말이 더 가슴에 와 닿는다. '9988, 123'인데, '구십구 세까지 팔팔하게 살다 하루 이틀 정리하고'라는 뜻이다. 이 말속에 모든 의학의 개념이 농축된 듯하다. 무엇이 정통(正統)의학이고 전통(傳統)의학인가! 태초로부터 전해오는 전통, 정통

의학은 무엇인가!

한의학은 전통, 정통의학의 맥을 이어왔었으나, 대의학에 자리를 빼앗긴 지 오래다. 그러나 현대의학도 한계를 드러내면서 통합의학으로 발전하고 있다. 태초로부터 이어오던 전통 의학은 어떤 것일까? 그것은 굶고, 설사하고, 토하고, 땀을 나게 하는 것이라고 배워 믿고 있다. 이것이 의학의 근본이요, 출발점이라 보며, 의학의 병법이라 한다.

의학이란 인간을 질병으로부터 구하고 건강을 모색하는 학문이다. 인류 역사와 더불어 경험 의료체계로 존재해 왔으며 과학의 진보에 따라 독자성을 지닌 과학으로 발전, 인체 연구와 질병 예방 및 치료를 연구하는 학문이라고 정의된다. 의학의 개념은 점차 변화하여 현대에서는 인간이 생리적, 심리적, 사회적으로 적극성을 띠게 하고, 될 수 있는 한 쾌적한 상태를 유지할 수 있게 하는 연구를 하는 학문으로 해석되기도 한다. 다시 말하면 기능적, 사회적 개념에서 정의되고 있다. 세계보건기구(WHO)에서는 단순히 질병이 없거나 허약하지 않다는 것에서 지나지 않고 신체적, 정신적, 사회적 안녕의 완전한 상태라고 정의하는데, 의학이란 결국 건강을 유지하고 향상하는 것을 목적으로 하는 과학이고, 이 정의를 통해서도 의학의 개념이 변천해가고 있음을 알 수 있다.

의학의 근본인 전통(傳統), 정통(正統)의학은 모두 변질되었다. 세월이 흐르면서 발전하고 새로운 의술이 개발되면서 많은 영역으로 넓혀졌다. 1800년대까지 유럽은 기존의 의학이 유지되었는데, 현미경의 발견과 더불어 눈으로 볼 수 없었던 바이러스(세균)를 보게 되면서 새로운 의학으로 바뀌었다. 고전 유럽의 의학은 사혈이 대세였다고 본다. 유럽은 지금도 사혈을 신봉하고, 아직도 전통적으로 내려오던 민간요법을 중요 치료법으로 활용하며 동종요법 등을 선호하고 있다. 현대의학에 크게 의존하고 있는 미국이나 일본, 한국 의학보다 더 실용적이고 유효하지 않을까 생각해 본다.

우리는 무작정 수술을 하고 화학적인 약들을 복용하지만, 유럽인들은 수술을 최대한 자제하고 오래전부터 면면히 이어져 오는 전통의학을 중시하고 있다. 치료의 근본에 충실해지고 있는 듯하며, 이제 미국도 면역력을 강화하는 요법으로 선회하고 있다. 의학, 의술, 의료 기계가 첨단으로 발전했다고 한다. 그런데 흥미로운 것은, 인체의 내부를 특수 카메라로 훤히 들여다보며 의술을 펼치는데도 질병을 완벽히 치료한 사례는 없다는 것이다. 수술은 잘 됐지만, 질병의 근원 치료는 거의 없다는 것이다. 의학은 발전했는데, 질병은 더 지능적으로 변한 것인가.

인간에게 발병하는 167,000여 종류의 질병 중, 인간이 정복한 것이 단 한 가지도 없다는 현실을 어떻게 받아들여야 하는가. 병을 고치려면 먼저 환자 마음속의 동요를 없애주어야 한다. 오직 병만 다스리고 마음을 다스릴 줄 모르는 것은 근본을 버리고 끝을 좇는 것이다.

먼 옛날에는 지금과 같이 정의되거나 이론화된 의학의 개념이 없었다. 그러나 그때도 질병에 대처하는 방법들이 분명히 있었을 것이다. 그것이 의학의 근본이고, 출발점이라 할 수 있다. 자연 그대로 태어나면서 우리가 스스로 삶을 영위하고, 몸을 지키기 위해 하는 본능적인 것들이 의학의 근본이라 생각한다. 우리도 먼 태초에는 산속의 동물들처럼 옷을 입지 아니했고, 자기 몸의 보호나 질병 치료 역시 자연적이고 원초적인 방법을 사용했을 것이다. 인간 본능에 의한 몸을 보호하는 방법, 인체 내부에서 자연적으로 형성되는 방어 시스템…. 그것은 토하고, 설사하는 것이라고 정의하고 싶다. 그것이 의학의 시작이오, 근본이라고 말하고 싶다. 오래전 전세일 원장님이 강연에서 "의학의 근본은 굶고, 토하고, 설사하고, 땀을 내는 것"이라고 말씀하시던 것이 지금 생각해 보니 훌륭한 이론이라고 생각된다. 굶고, 토하고, 설사하고, 땀을 나게 하는 것…. 이것이 의학의 4병법이오, 근본이라 할 수 있다. 모두가 대체하는 요법인데, 약초, 침, 뜸 등을 사용하는 자연 치료사들을 대체의학, 민간요법이라 부르며 곱지 않은 시선으로 본다. 의학의 근본을 모르는 것이다.

유럽은 라이선스를 중요하게 생각하지 않으며, 법원에서도 '잘 고치는 사람이 명의다. 이것이 전부다.' 라고 판결했다.

우리는 자격증의 여부만 보고 있다. 사람은 몸이 아프면 어떤 병원에 가야 하는지 잘 알고 있다. 그러나 완치를 보지는 못한다. 완치는 본인만이 할 수 있다. 잘 먹고, 잘 자고, 잘 배출하고, 잘 행동하면 된다.

의학의 근본은?

의학이 필요 없는 세상을 만드는 것이 의학의 최종 목적지라 본다. 의학에 의존하지 않고도 백 세 동안 건강하게 살다가 죽음을 맞이할 수 있게 하는 것이 의학이 추구해야 할 목적지다. 의학의 근본은 마음을 다스리고, 굶고, 토하고, 설사하고, 땀을 내는 것임을 다시 한 번 강조한다. 그리고 따뜻한 초순수를 마시는 것을 추천한다.

의술을 어렵게 생각하지 말라.

아픈 곳을 주무르는 것도 의술이오, 두드리는 것도 의술이다. 긍정적인 생각을 하는 것도 의술이오, 마음에 평화를 유지하는 것도 의술이다. 약은 보통 풀, 나무, 돌, 물, 화학약품으로 만드는데, 부작용 없는 약은 풀과 나무, 초순수로 제조된다. 이 땅에서 자라는 수만 가지 풀과 나무가 약초이다. 약초를 모르는 의사는 의사라고 할 수 없는데, 요즘 의사들은 약초를 모른다고 한다. 우리나라는 국토 면적 대비 세계에서 가장 많은 식물종이 자라는 나라 중 하나로 꼽히는데, 그중 약초 약성은 세계 최고이다. 6·25 때, 미국에서 50여 종을 가져다 특허를 낸 탓에 막대한 돈을 역으로 지불하고 있다. 건강을 위해서 지금부터라도 몸 공부, 물 공부와 약초 공부까지 한다면 무병장수, 만수무강할 수 있다. 알면 약초, 모르면 잡초인 것이다.

이 시대 최고의 공부는 몸 공부, 물 공부이다

젊어서는 많이 움직이고, 신진대사율이 높아서 무얼 먹든 큰 문제가 없지만 나이 들어감에 따라 운동량은 줄어들고, 식사량은 늘어나며, 신진대사 속도는 느려진다. 물 섭취량 또한 줄어들고, 칼로리는 적게 소비되기 때문에 대사질환이나 대사 증후군이 늘어 여러 가지 신진대사(증후군)와 관련된 질환이 동반된다. 고중성지방혈증, 낮은 고밀도 콜레스테롤, 고혈압 및 당뇨병을 비롯한 당대사 이상 등, 각종 복부 비만과 함께 발생하는 성인병은 적절한 운동과 초순수를 마시면 많은 호전을 볼 수 있다.

일본에는 병원에 자주 가는 사람일수록 빨리 죽는다는 통계가 있다. 약, 수술, 항암제로 질병이 치료된다고 믿었지만, 장기를 절제해도 암이 낫지 않고, 항암제도 부작용이 따르는 의료 행위에서 의료비는 의사의 생계수단일 뿐이다. 질병 완치 유무는 전적으로 환자의 몫이라 질병 치료 면에서는 의사를 믿지 말고 합리적으로 생각하는 것이 매우 중요하다.

노화 현상으로 나이가 들면 근력은 약해지고, 혈관은 탄력이 떨어지고 딱딱해지기 때문에 혈압이 조금 높아야 몸 구석구석까지 잘 흘러간다. 나이가 들어 혈압이 정상 수치보다 높아지는 건 당연하다. 콜레스테롤 역시 세포를 튼튼하게 해주기 때문에 굳이 줄이지 않아도 좋다. 물론 너무 높으면 바로잡아야 한다.

혈압 130은 위험 수치가 아니다. 1998년, 일본 후생성에서 조사한 혈압기준은 160이었다. 그런데 이유도 없이 기준치가 140으로 떨어졌다. 급기야 2008년에는 130으로 낮추었다. 140에서 130으로 낮춘 후 1년간 매출액이 6배 증가하였다. 우리 몸은 나이를 첨(添)할수록 혈압을 높이려고 하는데, 뇌, 손, 발 전신 구석구석에 피를 잘 전달하기 위해서 몸 스스로 그렇게 변화하는 것이다.

장수의 나라 핀란드의 한 연구기관에서는 심층연구 결과 최고 혈압이 180 이상 나온 80세 이상 노인들의 생존율이 가장 높았고, 140 이하인 사람들의 생존율이 낮았다 한다. 결과적으로 의학계가 기준치를 낮추면 의료계나 제약업계(혈압 강하제)가 돈을 많이 벌게 된다. 혈압약은 치료제가 아니다.

초순수에 진주연이나 율초를 끓여 마시면 기적을 체험할 수 있다. 혈당치를 약으로 낮출 경우 부작용들이 나타날 수 있다. 혈당치를 떨어뜨리기 위해서는 뛰기, 등산, 헬스, 걷기, 자전거, 수영, 스트레칭 등 땀이 날 만큼의 유산소 운동이 효과적이다. 하지만 초순수로 체내 염도를 0.9% 맞추면 부작용 없이 좋은 결과를 볼 수 있다.

콜레스테롤은 약으로 예방할 수 없다. 콜레스테롤 기준치를 낮추어 약의 판매량을 늘리려는 상술임을 생각하라.

고혈압, 고콜레스테롤 혈증, 당뇨병 같은 병은 약으로 치료할 필요가 없거나, 어차피 치료제가 아니니 병이라고 생각하지 않는 편이 좋다. 운동으로 치유 가능하니, 초순수로 체내 염도를 0.9%로 맞춰 운동하는 것이 치료제인 셈이다.

의사를 믿을수록 심장병에 걸릴 확률이 높다. 증상이 없는데도 고혈압이나 콜레스테롤 등의 약을 이용해 강제로 낮추면, 수치는 개선되어도 심장에 부담을 주게 되어 오히려 건강에 좋지 않다. 병을 고치려고 약을 많이 먹지 마라. 세 종류 이상의 약을 한꺼번에 먹지 마라. 인위적으로 만든 화학 약에는 부작용 위험이 있다. 감기에 걸렸을 때 항생제를 먹지 마라. 감기를 가장 빨리 낫게 하는 방법은 몸을 따뜻하게 하고, 따뜻한 초순수를 마시는 것이다. 독감의 경우에도 유럽에서는 약을 처방하지 않고 일주일 동안 집에서 안정을 취하라고 한다. 항생제 처방은 오히려 바이러스 변이를 만든다.

우리나라가 세계 1위 암 완치율이라 하는데 서양 선진 의료계에서는 비웃는 이유.

암 완치율 세계 1위라 하는 이유는 암의 성격을 가진 세포가 상피내에 머물러 증식만 해도 암이라고 확정하기 때문이다. 반면 서양에서는 조직에 침윤이 일어나지 않으면 암이 아니라고 진단하고 지켜본다. 그 결과 서양에서는 암으로 간주하지 않는 80~90%가 우리나라에서는 암이라고 진단된다. 일단 암 진단이 내려지면 무조건 피보험자로 치료대상이 되기 때문에 불안 심리로 하는 80~90%의 의미 없는 수술로 암 완치율 세계 1위라고 하고 있다. 수술로 인한 후유증이나, 수술 후 각종 검사 시 방사선 피폭으로 진짜 암세포를 만들어 내리는 암 오진이 사람을 잡는다. 암 초기 오진율이 12%라고 한다. 암에는 전이되지 않는 유사암이 많다. 진짜 전이암이 사라졌다거나, 말기암을 완치시켰다는 암 전문의는 세계적으로도 없으며 말기암의 증상이 나타나, 수술이나 방사선 항암으로 죽음의 문턱까지 갔다가 살아온 사람과 이런 암환자를 완치시킨 암 전문의는 단 한 명도 없다. 이런 상황에서 살아남은 사람이 자연으로 돌아가 자연 치유시킨 사례는 종종 있다. 또, 면역력으로 암을 이길 수는 없다. 서양 선진의 학계에서는 면역력을 강화해도 암에는 아무런 효과가 없다고 말한다. 오히려 면역력이라는 단어가 붙은 요법으로 환자를 끌어모으면 의사는 사기꾼 취급을 받는다.

현재 대한민국 암 전문병원들의 면역요법을 지켜보는 서양 의사들이 우리나라 의사 수준이나 국민 수준을 얕잡아 보는 이유는?

이 이유는 평소 필자가 암 면역치료 강의를 할 때 반드시 설명한다. 면역세포는 외부에서 들어오는 치료 약이나 보약들을 모두 이물질로 인식해서 처리하는 데 반해 암은 자신의 세포가 변이한 것이라, 우리의 면역 시스템이 암세포를 오히려 보호하며 지키려 하기 때문에 암이 발생하고 성장하는 것이다.

암세포란 약 23,000개의 유전자를 가진 세포가 복수 유전자 돌연변이에 의해 암이 되는 것을 말하는데, 직경 1mm 크기로 자란 암

병소에는 약 100만 개의 암세포가 있다.

진짜 암이라면 이 정도 크기로 자라기도 전에 혈액을 타고 여기저기로 전이된다. 0.1m만 되어도 전이 능력이 있을 정도로 암세포는 강력하다. 즉, 암이 커지고 나서 전이된다는 이론은 잘못된 상식이다. 현대 최첨단 의학이 조기에 암을 발견한다고 해도 직경 1cm 전후부터는 이미 암세포가 최소 10억 개 정도로 전이되어 있는 상태이다.

흔히 말하는 진짜 조기암은 암의 일생으로 보면 이미 원숙기로 접어든 상태라고 할 수 있다. 면역력을 높이면 암이 치유된다는 것은 사기다. 면역학에서 면역력이란 단어가 없다는 것은 수많은 세균과 바이러스에 대한 개개의 면역방식이 다르기 때문에, 하나의 면역력으로 대체할 수 없다는 뜻이다. 면역력이란 병들지 않고 건강해지고 싶은 희망과 의료상술이 합쳐져 만들어진 개념이다. 그래도 이해가 안 가면 최근 화제가 된 KBS 〈생로병사 면역의 진실 편–면역력은 없다. 면역이 있을 뿐이다.〉를 보시길 권한다.

그렇다면 면역력이란 도대체 무엇일지 궁금해진다. 그도 그럴 것이, 면역력이란 말은 의미가 맞지 않는 단어이기 때문이다. 우리는 모든 것을 정량화해서 수치로 나타내는 것을 좋아한다. 그래야 이해가 쉬우니까. 선천 면역은 우리 면역의 1차 방어선이다. 하지만 애당초 면역은 에너지나 다른 열량처럼 물리적인 양으로 크고 작고와 많고 적고를 논하기 어렵다. 요즘 우리는 '면역력이 높다'는 것이 '건강 상태가 좋다'는 말과 같다는 인식을 가지고 있는데, 면역력이 높으면 오히려 자가면역 질환이 발생할 수 있다. 그러니 면역력이 아닌 면역의 진실에 대해 알아볼 필요가 있다. 면역은 우리 몸을 보호하는 시스템이다. 하나의 물질을 얘기하는 것이 아니라, 면역세포, 림프, 림프액 등 각종 분비 물질로 구성된, 정교하고 복잡한 인체 보호 시스템이다. 후천 면역은 좀 더 정교한 면역 방어 기전으로 여러 가지 면역세포가 존재한다. 외부 침입자(세균, 바이러스 등)로부터 우리 몸을 보호하고, 내부의 적 (암세포, 돌연변이 세포 등)을 처리하는 중요한 임무도 맡고 있다. 그래서 우리 몸의 면역은 항상성을 유지하는 것이 가장 좋다.

무슨 얘기냐 하면 우리 몸의 면역 체계가 너무 과잉되어, 면역력이라고 하는 것이 높아지면 불필요한 자극에도 반응하여 여러 가지 면역반응을 일으키고, 그것이 바로 우리가 알고 있는 자가면역 질환이 되기 때문이다. 자가면역 질환 외에, 주위에서 흔하게 보이는 두드러기 같은 질환도 면역의 과도한 반응에 의한 피부 증상이라고 보면 된다. 면역이 안정되면 선천면역과 후천면역이 잘 협조하여 우리 몸을 외부의 적들로부터 안전하게 보호한다. 이처럼 면역은 너무 과도한 것도, 너무 떨어지는 것도 좋지 않다. 면역은 우리 몸 안팎의 변화에 대해 항상 정확하게 감지하고 반응하여 우리 몸이 위험에 빠지지 않게 해줘야 한다. 이런 것을 면역 안정성(항상성)이라고 할 수 있다. 면역이 불안정하면 면역세포가 내 몸(Self)을 공격하기도 하는데, 그게 바로 고통스러운 자가면역 질환이다.

그렇다면 면역의 안정성은 어떻게 유지되는 것일까. 우리 몸의 대사 상태가 안정적이면 면역의 안정성 유지에 큰 도움이 된다. 즉 식습관이나 운동, 생활습관이 중요하다. 일상에서 면역 안정을 위해 우리가 할 수 있는 일들이 많다. 체내 염도가 0.9% 이하로 떨어지면 면역체계가 오작동을 일으키고 면역세포의 방어능력이 저하되어 세균과 바이러스, 암세포들을 잡아먹지 못한다. 이것을 해결하는 가장 손쉬운 방법은 초순수로 체내 염도를 맞춰주는 것인데, 우리는 엉뚱한 곳에서 면역을 찾고 있다.

각종 건강 기능식품들이 내세우는 '면역력 강화!'

이런 문구에 현혹되지 말고, 일주일에 3회 이상 땀이 날 정도로 운동하고 초순수로 체내 염도를 0.9% 맞춰주면 면역 항상성은 유지된다. 암환자들 또한 수술이나 항암을 하면서 고가의 면역력 치료를 받는데, 항암치료가 시한부 인생을 만들 수 있다. 암환자들의 가장 손쉬운 면역 안전 방법은 체내 열을 올리는 것이다. 항암제 투여나 복용으로 식욕이 저하되어도 억지로라도, 소화제를 먹어서라도 반드시 제때 식사하고 제자리걸음이라도 걸어야 면역 항상성이 유지되어 살 수 있다. 걷지 않으면 모든 것을 잃을 수 있다. 걸을 때 발바닥의 용천혈이나 신체에 연결되어있는 모든 경락이 자극되고, 하반신의 여러 근육을 통한 신경자극이 대뇌 신피질의 감각영역에 전달되어 뇌간을 자극한다. 또한, 걷기 중에는 뇌 전체는 물론, 온몸의 혈행이 좋아져 신선한 산소공급이 이루어지고, 떠도는 암세포를 사멸시킬 수 있어 전이를 막을 수도 있다. 암환자가 죽는 경우는 대부분 전이 때문이다. 살아있는 경우는 전이되지 않기 때문이다. 그러니 살고 싶으면 걸어라. 항암약 복용 후 식욕, 힘이 없다고 링거 맞고 누워 있으면 결국은 죽는다.

폐암 4기나 말기암으로 온몸에 암이 전이된 경우, 항암제 치료를 받으면 6개월 이내에 50%가 죽게 되며 3년 동안 10% 정도 생존한다. 전이되었어도 자각증상이 없다면 당장 죽지 않는다. 바로 죽는 경우는 항암제 치료나 수술을 받았을 때뿐이다. 암의 성장 속도나 전이 속도는 사람마다 다르다. 하지만 의사들이 말하는 시한 선고를 들은 환자들 대부분은 시한 내에 죽고, 시한을 듣지 못한 환자들은 대부분 더 오래 살기 때문에 의사들이 말하는 시한은 틀린 경우가 많다.

암 검사나 각종 검사, 한 번의 CT 촬영으로도 발암 위험이 있다. CT/PET, 방사선 검사, 피폭량 검사를 단 한 번이라도 받을 경우 뢴트겐 검사나 CT 검사 등에 의한 의료 피폭으로 인해 세포의 DNA는 무조건 손상된다. CT 조영제 부작용으로 신장이 손상되면 반드시 초순수로 해독해야 한다. CT 촬영의 경우 80~90%는 굳이 할 필요 없다. 장비가 워낙 고가인지라 열심히 찍어야 투자비를 뽑을 수 있다.

암으로 판정받았어도 너무 겁먹지 말고 천천히 대응하라. 암을 건드리지 말고 방치하면서 지켜보라. 병원은 무조건 수술이나 방사선 치료, 또는 항암 치료를 권하는데, 항암제는 맹독과 같다. 일시적으로 암 덩어리 크기를 줄여주는 것일 뿐, 결국 암 덩어리는 반드시 다시 커지게 된다. 위암, 식도암, 간암, 자궁암을 방치하면 통증 같은 증상으로 고통스러워하지 않아도 된다. 설령 통증이 있어도 조절시킬 수 있는 약들이 있다. 암 방치 요법은 환자의 삶의 질을 높여준다. 암을 당장 치료하지 않으면 죽는 줄 아는데, 그렇지 않다. 우리 몸 안에는 수백, 수천의 면역 의사들이 있다. 일단 그들을 믿어주고 응원하면서 느긋이 지켜봐 줘야 한다. 그러면 초기암들은 대부분 진행하지 않는데, 암을 두려워하고 그곳에 의식을 집중하면 진행이 잘 된다. 말기암일지라도 통증 조절 및 통제가 가능하고, 죽기 전까지 약물로 인한 선망증, 치매에 걸리거나 의식불명 상태 되는 일 없이 비교적 맑은 정신을 유지할 수 있다. 편안하게 죽는다는 것은 자연스럽게 죽는 것이다. 이것이 웰 다잉(Well-Dying)이라고 생각한다. 살아온 날을 아름답게 정리하는, 평안한 삶의 마무리를 일컫는 말이다. '삶의 마지막이자 가장 중요한 길이라 할 수 있는 죽음을 스스로 미리 준비하는 것은 자신의 생을 뜻깊게 보낼 뿐 아니라 남아있는 가족들에게도 도움되는 것'이라는 인식이 확산되면서 나타난 현상이다. 면역 안정수와 치료수는 초순수와 0.9%의 염수뿐이다. 나 운강은 양한수 회장님의 뜨거운 초순수를 자주 마시는 감기 바이러스 대처법에 찬성한다.

독감 예방접종은 하지 않아도 된다. 예방 효과가 전혀 없다. 독감 바이러스는 계속 변종되어 나타나는데, 그것을 어떻게 알고 예방 가능한지 필자는 항상 의문이다. 오히려 질환자들이나 고령자들 중 백신을 맞고 돌연사하는 분들이 많다. 표면적으로는 기저질환이나 심근경색이 주된 원인이라 하지만 알고 보면 백신의 부작용이다. 선진국 의료시스템을 보면 이해할 수 있다. 감기나 독감 예방접종은 후진국 의료 시스템이다. 세계보건기구(WHO) 홈페이지에도 '독감의 억제 작용은 보장되어 있지 않다.'라고 명시되어 있다. 조류독감은 수천만 명의 사망자를 낸 스페인 독감이다.

Avian Influenza(AI)는 주로 닭, 오리 등의 조류에게 발병하는 전염성 호흡기 질환이다. 인간에게 옮을 가능성은 낮지만, 옮으면 치사율이 정말 높다. 새들이 걸리는데, 걸린 새들도 가금류를 빼면 멀쩡한데 그거 가지고 뭐 그리 호들갑을 떤다고 할 수 있으나, 조류독감은 수천만 명을 죽였고 지금도 계속 진화 중인 바이러스이다.

중증급성 호흡 증후군 사스-코로나 바이러스(SARS-Corona virus, SARS-CoV)가 인간의 호흡기를 침범하여 세상이 시끄러웠다. 2002년 11월에서 2003년 7월까지, 공포에 휩싸여 예방 백신을 맞는다고 줄을 섰다. 2009년, 우리나라에서도 타미플루 항바이러스제를 받으려고 난리를 피운 적이 있다. 효과도 인정되지 않으며, 오히려 부작용인 호흡 정지 및 의식 불명, 돌연사 발생으로 시끄러웠다. 2015년에 발생한 중동 호흡기 증후군 메르스 또한 마찬가지였다. 2019년 발생한 19코로나는 현재 백신을 3단계까지 맞았는데도 사망자는 계속해서 속출하고, 결과는 처참하다.

백신을 맞을수록 비웃듯 델타, 또는 오미크론 등으로 계속 변이하는데, 언제까지 이러고 있을지.

한국의 민중 의술은 세계 최고의 의술이다

의술(醫術)은 병을 고치는 것이고, 진정한 의술은 큰돈 들이지 않고 잘 고치는 것이다. 그렇게 만드는 것이 진정한 의료개혁이다. 세상에서 돈이 가장 적게 드는 방법으로 병을 가장 잘 고치는 의술이 한국의 민중 의술이라는 것을, 필자는 세계통합의학회 좌장 전세일 원장님을 보좌하면서 몸소 느끼고 있다. 장애인 판정을 받은 환자가 한방에서 침을 맞고 일어나 걷고, 암이나 각종 난치병 환자가 21년 된 도라지를 먹고 뛰어다니고, 다 죽어가던 환자가 산삼을 먹고 기사회생하는 것을 수도 없이 지켜보면서, 돈이 가장 적게 드는 방법으로 병을 제일 잘 고치는 세계적 의술임을 확신한다. 필자는 통합 의학회에서 수천 년 역사와 전통이 깊은 세계적인 치료법들과 미국의 최첨단 현대의술, 뉴욕병원 치료 시스템, 특히 김의신 박사님께서 종신교수로 있는 휴스턴의 MD 엔더슨, 세계 최고의 암 센터 등, 암 치료법을 접하면서 우리나라 민중 의술이 세계 최고라고 확신하게 되었다. 아프고 병들면 병원에 가는 것이 상식인데, 병원에 가지 않아도 대부분(90%) 우리 몸은 스스로 치유 능력을 가지고 있다. 병들면 누구나 의사에게 간다. 그런데 의사가 병을 고쳐주던가? 얼마나 고쳐주던가. 난치병, 불치병을 고쳐주기 위해서 노력하는 의사를 본 적이 있는가. 일반 질환조차 의사, 한의사들은 잘해야 30% 정도라고 말한다. 나머지 70%는 어쩌란 말인가.

대한민국 의료법은 의사나 한의사가 아닌 사람에게는 치료를 못

받게 한다. 의사들이 30%밖에 못 고친다고 자인하고 있는데, 그 30%도 결국은 스스로 고치는 것이지, 의사가 할 수 있는 것은 수술하고, 꿰매고, 부러진 것 교정하고, 상처가 덧나지 않게 항생제를 처방하는 일뿐이다. 결국은 우리 몸 스스로가 치유한다. 의사들이 못 고치는 나머지 70% 환자들은 어찌하란 말인가. 스스로 고치든지, 아니면 앓다가 죽으라는 것이나 다름없다.

의사들은 최첨단 의료 시스템으로도 가장 흔한 감기나 대사질환들, 당뇨, 고혈압도 못 고친다. 내 병 내가 고치겠다는데, 누가 치료를 받아도 된다, 안 된다 할 수 있단 말인가. 국가가 법률을 이용해 환자들의 치료 수단 선택권을 제한한다면, 환자들의 생명과 건강은 어떻게 책임진단 말인가.

우리 국민들은 뛰어난 의료 풍토에서 의료 자질, 지구상에서 가장 훌륭한 민중 의술의 전통과 능력, 세계 최고의 약재, 명약들을 모두 보유한 나라의 사람들이다.

전 부산지방법원 의료전담 재판장 황종국 부장판사는 “의사, 한의사는 20~30%밖에 못 고치는데, 이름 없는 민중 의료인들은 적어도 80~90%의 환자를 능히 고쳐낸다.”고 말했다. 나 운강은 양한수 회장님을 만난 후 초순수를 사용하여 수많은 난치병, 불치병 환자들에 큰 도움을 주었고 효과를 보았다. 식사를 잘하지 못하던 암 환자들이 식사도 잘하고, 잘 못 마시던 물도 마시고, 복수가 차 힘들게 보던 소변도 시원하게 잘 본다. 초순수 치유 또한 민중 의술이다. 그런데 이 나라의 법과 판결은 이렇게 뛰어난 민중 의술을 모조리 불법 의료 행위로 간주하여, 하늘이 내려준 신의(神醫)라도 의사 자격증이 없으면 가차 없이 수갑을 채운다.

역천도 이만저만이 아니다. 그리하여 의술의 텃밭인 민중 의술은 말살 직전에 이르렀다. 누구나 병을 앓고 있으면 그 병을 잘 고치는 사람을 찾게 되는 것이 본성이다. 의사, 한의사, 민중의사 등 병을 고치는 사람을 최고로 알아주게 된다. 여기에는 지위 고하를 막론하고, 의사조차도 자신이 죽을 병에 걸리면 나 운강을 찾아와 도와 달라, 살려 달라 부탁한다. 이것이 생명의 본능이다.

이런 민중 의술을 막는 것은 억지라고 생각한다. 억지는 부작용이 따르게 된다. 그럼에도 자신들의 이익을 위해 이를 막으려고 부작용을 부르는 것이 현 대한민국의 의료 제도이다. 치료를 받은 사람들도 그렇다. 물에 빠진 사람 응급구조해서 살려놓았더니 보따리 내놓으라는 식이다. 병만 고쳐가고, 고쳐준 민중 의술인과 그의 의술을 지켜줄 생각을 안 한다. 치료를 잘 받고 나서 무면허 의료 행위를 했다며 협박하여 돈을 뜯어가는 인간 말종도 있다. 뿐만 아니라, 의사를 양의사와 한의사로 나누어 서로 상대방의 의술이나 의료 기기를 사용 못하게 하는 작태도 있다.

작금의 한의원 X-레이 건도 그렇다. 환자 배려는 없고 밥그릇 싸움뿐이다. 그러면서 민중 의술은 말살시키고, 민족의학인 한의학은 천대하여 밀쳐놓고, 비싸고 비효율적이며 비인간적인 서양 의술을 수입하여 의료제도의 중추로 채택하고 있다. 그 결과는 어떠한가. 서양 의술이 상업주의와 결탁하면서, 효과 좋고 부작용 없는 천연 약재로 값싸고 병 잘 고치는 민중 의술을 몰아내고, 화학약품으로 비싸고 치료 효율 낮은 의술을 신성불가침으로 막아놓고 마치 진리인 것처럼 한다. 의술 상호 간의 경쟁을 통한 치료 시스템이 마련되어야 국민의, 국민을 위한 의료, 효율적인 치료, 상호 경쟁의 상생으로 발전할 수 있다. 그러나 이를 막아 의료 시스템이 고비용 구조가 되어 의료비는 늘고 환자도 넘치지만, 병을 못 고치는 엇박자가 이 나라의 의료 수준이고 현실이다. 고비용 의료비는 모두 국민의 몫이다.

동·서양 의술은 변증법적으로 융합되어 통합의학적으로 나아가고 있다. 나 운강은 통합의학의 미래, 보완 대체의학 홀론의학자로서 통합대체의학의 세계적인 권위자이며, 홀론의학 창시자인 전세일 박사님을 보좌하며 초순수 양자파동수 치유법을 무료 보급하고 있다.

초순수와 소금의 역할

초순수는 병원에 가지 않아도 손쉽게 마실 수 있는 링거수라는 것을 확실하게 알았으면 좋겠다.

바이러스나 세균은 소금물에 닿는 순간 사멸한다. 이것은 의학으로도 증명된다. 병원에서 처방하는 링거는 초순수 0.9%의 소금물에 불과하지만, 기력 회복, 천연 항생제, 면역증강제라고 불린다. 양수도

0.9%의 염으로 아이가 10개월 동안 먹기 때문에, 엄마는 바이러스나 세균에 감염되어도 태아는 감염되지 않는다. 이것은 의학이 입증한 내용이다.

위액이 작으면 위 무력증이 오고, 힘이 없고, 기력이 떨어지고, 산도에 문제가 생기며 위산과다, 또는 역류성 질환들이 발생하기 때문에 평행수인 초순수를 마셔야 한다. 결석이 생기는 이유도 염분 때문이다. 탈수가 생기면 수분 부족으로 결석에 원인을 제공하는데, 광물질 미네랄 워터가 아닌 초순수와 소금을 타 먹으면 결석이 녹아 내려 간다.

초순수에 소금 0.9%를 희석해서 마시면 병원에 가지 않아도 매일 링거액을 맞는 것과 같은 효과를 볼 수 있다. 몸의 염도가 0.9%도 되지 않으면 면역 기능이 정상 작동되지 않아, 병에 잘 걸리기도 하고, 잘 낫지도 않고, 치료 부위에 감염이 잘 되고 약효도 떨어진다. 필자는 코로나19 전 사스, 메르스 때부터 혈압 환자에게는 0.3%, 일반인에게는 0.9%의 초순수 식염수를 보급하여 바이러스까지 퇴치하였다. 미국 의학지 '자마'에 실린 하버드 논문을 보면, 소금은 천연 항생제라고 발표되었다. 그리고 세계보건기구(WHO)에서는 하루 최적의 소금 섭취량은 10~15g인데, 현재 우리나라 소금 권장은 3g이다. 세계보건기구(WHO) 권장량에 비하면 혈압 환자들 제외 일반인들은 이보다 4~5배 더 먹어야 한다는 결론이 난다. 미국 시사저널

자마에서는 저염식으로 인한 사망률이 매우 높다는 결과를 보여주고 있다.

소금은 천연 항생제

지구상 모든 바이러스의 0.9%는 소금물에서 생존할 수 없다는 것이 과학으로 입증되었다. 그러므로 재차 강조하면, 각종 바이러스를 물리칠 수 있는 가장 손쉬운 방법은 내 몸의 염도를 0.9%만 유지시켜 주면 된다. 그 어떤 바이러스도 체내에 들어올 수 없다. 모든 바이러스가 침투할 수 있는 곳은 눈, 코, 입뿐이다.

그리고 항생제 부작용이 없는 초순수 식염수로 눈, 코, 입을 닦거나 가글, 양치를 하면 기본 방어는 된다. 우리나라 국민들 중 염도 0.9%를 유지하는 비율은 10%밖에 안 된다고 한다. 염도 0.8% 미만이 90%라고 하니 문제다. 저염식이 상식화된 지금, 90%의 사람들은 염분 농도가 0.2~0.8% 정도에 불과하므로 바이러스를 이길 힘이 부족한 실정이다. 염 부족은 만병의 원인이다.

암 환자들의 경우, 대부분 염분 농도는 0.2~0.3%대고, 당뇨병 환자들은 체내 염도가 부족해 온몸이 당화되어 당이 문제 되는 것이다. 바닷물에 설탕을 부어놓으면 바닷물도 썩고 생명체도 살 수 없다. 체내 염도를 무시한 저염식 권유는 필히 재앙을 불러올 것이다.

나 운강이 개발한 것 중 하나는 발모제인데, 유전적 요인이 아닌

탈모인들의 공통점은 염 부족이다. 물과 염분이 부족하면 몸은 생명을 유지하기 위하여 중요한 기관부터 염수를 공급하고, 생명에 큰 지장이 없는 피부에는 염수 공급을 중단시키기 때문에 피부에 문제가 발생하고, 온갖 부스럼증이나 버즘, 모발 탈색, 탈모가 시작되는 것이다. 필자는 이런 메커니즘의 원리로 천연 약초와 초순수에 염 0.3%를 넣어 탈모 발모액을 개발하여 큰 효과를 보고 있다. 음식을 통해 체내에 흡수된 소금은 나트륨과 염소 이온으로 분리된다.

인체 내 나트륨양은 체중 1kg당 1,550~1,380mg으로, 체중이 60kg인 사람의 경우 70~80g의 나트륨을 보유하고 있으며 25~40%가 골격 조직에, 나머지는 세포외액에 존재한다.

소금은 위액의 구성 성분인 위산을 만들고 근육, 신경 등의 작용을 조절하는 등 여러 가지 생리적 기능을 담당하게 된다. 특히 나트륨은 세포외액에 가장 많이 존재하는 양이온으로 세포외액량, 산, 염기 평형, 세포막 전위 등의 조절 및 세포막에서 물질의 능동수송을 수행하는 필수적인 무기질이다.

소금이 우리 몸에서 하는 작용을 살펴보면 바이러스나 세균사멸은 물론, 소화 작용, 소염 작용, 삼투압 작용, 해독 작용, 살균 작용, 발열 작용, 염장 작용, 항암 작용, 방부 작용, 노폐물 제거 작용 등 건강 유지와 항노화에 필수적으로 생명력 유지와 영향력을 행사한다. 그러나 천연 항생제인 소금을 만병의 원인으로 몰아 소금을 멀리하라는 작금, 항생 의학, 항생 약학이 발전할수록 바이러스나 박테리아들도 살아남기 위해 더욱 진화된 변종이 나타난다. 현재 슈퍼박테리아는 그 어떤 항생제도 효과가 없다. 지상 시스템은 생산자→초목 소비자→각종 곤충과 동물 분해자→사체분해 박테리아로 돌아가는데, 분해자인 박테리아가 없다면 이 초록별 지구는 오염되어 초대받지 않는 손님 바이러스들의 천국이 될 것이라 생각한다. 바이러스가 동물을 숙주로 기생하는 기간은 2주 정도이다.

항생제나 백신 없이 2주만 버티면 우리 몸은 바이러스 내성 면역이 생겨 이길 수 있는데, 의학이 상업을 업었는지, 정치가 심리적으로 불안한지 알 수는 없지만 앞으로도 세균, 박테리아, 바이러스들과의 전쟁은 계속될 것이다.

항생제 문제는 우리도 모르게 먹이사슬로 이어진 항생제 내성이다. 양식장이나 가축 사료의 항생제는 어패류나 가축이 병에 잘 걸리지 않아 소득을 올릴 수 있지만, 그 피해의 정점은 인간들에게 돌아온다.

자연에는 부작용 없는 천연 항생제가 존재한다. 바이러스나 세균은 이것, 천연 항생제 소금에 닿는 순간 사멸한다.

침묵(沈默)

태초 이래 등장한 온갖 바이러스, 신종 코로나, 괴질은 신의 뜻인가. 예수, 부처, 나 운강이 침묵하는 이유는?

해운대 고대 장산국 성지에 사람 크기만 한 신의 동상이 있었다. 그 신의 동상 앞에서 기도를 하면 소원이 이루어진다는 소문이 나서 많은 사람이 찾는 곳이었다. 그곳의 문지기는 신이 서 있는 곳에 한 번 서 보는 것이 소원이었다. 그래서 신께 소원을 말하며 여러 날 동안 기도드렸다. 그러던 어느 날 진짜로 음성이 들렸다. "그래, 네가 하도 소원을 말하니 딱 하루만 너와 자리를 바꾸겠다. 그런데 나와 한 가지 약속을 해야 된다. 너는 누가 와서 어떤 행동이나 기도를 해도 아무 말도 하지 말아야 한다. 다시 말하지만 절대 말하지 말거라. 알겠느냐."

문지기는 절대 침묵하겠다고 굳건히 약속을 하고 신의 동상이 되었고, 신은 문지기가 되었다. 문지기가 신의 동상으로 서 있을 때 첫 번째 사람이 왔다. 그는 아주 부자이자 도박을 즐기는 자였다. 자기가 도박을 하러 가는데 돈을 잃지 않고 많이 딸 수 있도록 도와 달라는 소원이었다. 부자는 한참을 기도하고 갔다. 그런데 돈다발이 들어있는 가방을 깜박하고 놓고 나갔다. 문지기는 가방을 놓고 갔다는 것을 알려주고 싶었지만, 신과의 약속 때문에 침묵했다.

두 번째로는 아주 가난한 농부가 들어왔다. 자기 아내가 중병으로 누워있는데 치료비가 없으니 어떻게든 도와 달라고 했다. 농부는 기도를 마치고 돌아가려다가 돈 가방을 보았고, 그것이 신의 응답이라고 생각하여 감사 기도를 드린 후 돈 가방을 들고 나갔다. 문지기는 그 돈 가방은 주인이 있다고 말해주고 싶었지만, 신과의 약속 때문에 참았다. 세 번째로 기도하러 온 사람은 배를 타고 먼 바다로 나가는 청년이었는데, 자신의 안전을 빌러 온 것이었다. 청년이 기도를 막 시작하였는데, 갑자기 신당 문이 활짝 열리더니 돈 가방을 놓고 간 부자가 들어왔다. 돈 가방이 없는 것을 확인한 부자는 다짜고짜 기도하는 청년의 멱살을 잡고 돈 가방을 내어놓으라고 으름장을 놓았다. 청년은 이게 무슨 행패냐며 전후 사정을 이야기하였지만, 이미 분이 날 대로 난 부자는 청년을 이끌며 경찰서로 가자고 했다. 청년은 지금 바로 가지 않으면 배를 탈 수가 없다면서 거부했다.

이렇게 옥신각신 다투는 것을 본 문지기는 도저히 참을 수가 없어, 말을 해 주고 말았다. 청년은 배를 타게 되었고, 부자는 돈 가방을 찾을 수 있었다. 그때 노하신 신이 말씀하셨다. “너는 약속을 지키지 않았다. 그러니 내려오너라.” 문지기는 말했다. “약속을 지키지 못한 것은 죄송하지만, 그렇다고 신께서 화내실 정도로 잘못은 하지 않았습니다. 나는 잘못된 상황을 바로 잡아서 평화를 이루었을 뿐입니다.” 그때 신이 말씀하셨다. “너는 나와의 약속을 지키지 않은 것만으로도 잘못이 큰 것이다. 그리고 네가 개입해서 해결한 것보다 침묵했으면 더 좋은 결과가 있다는 걸 몰랐던 것이다. 부자는 어차피 그 돈은 도박장에서 다 날릴 돈이니라. 그 돈이 농부에게 갔더라면 농부의 아내를 살릴 수 있었느니라. 더욱 잘못이 큰 것은 청년의 문제이니라. 청년을 그냥 두었으면 배를 타지 못해 살 수 있었다. 그러나 네가 개입하므로 그 청년은 배를 타게 되었고, 그 배가 바다에서 침몰하여 죽게 되었느니라. 내가 침묵으로 일하는 이유를 알겠느냐."

인간들은 신의 침묵을 못 견뎌 한다. 인간이 신의 흉내를 낼 필요도 없고, 판단을 내릴 필요는 없다. 인간의 과도한 개입은 일을 그르친다. 원래 신들은 침묵 중에 일한다. 부처님도 죽을 때 침묵하셨고, 예수님도 대못이 박혀 죽어갈 때 하나님은 침묵하셨다. 위 내용처럼 인간만이 인간사에 개입하여 신의 거룩한 뜻을 어기고, 질서를 흐린다. 하루살이 곤충에도, 들에 핀 잡초 하나에도 신의 뜻이 담겨 있다. 서로 조화를 이루기에 서로에게 유익을 주고, 질서를 지키며 순리대로 자연스럽게 찬양하는 것이다.

똑같이 감옥에 갇혔는데도 감옥의 열악한 환경을 불평하는 사람도 있고, 밤하늘의 별을 세며 꿈을 꾸는 사람이 있다. 어떤 사람은 지난 과거의 불행과 실패, 일어나지도 않은 염려를 붙잡고 있고, 신의 약속을 기쁨으로 여기는 사람도 있다. 신앙이란 삶의 먼지를 헤아리고, 불평하고, 절망하는 사람들이 아니라 밤하늘의 별을 헤아리며 새로운 희망을 붙들고 살아가는 사람이다. 역사가 찰스 베어드는 꽃이 꿀벌에게 꿀을 빼앗기는 그 순간에도 신은 수정의 신비를 주신다고 했다. 밤이 어두울수록 신은 별을 더욱 빛나게 하신다.

우리는 시작도, 끝도 모르기 때문에 그것을 알기 위해 신을 믿는다. 신앙의 '앙'이란 신에게 앙망한다는 뜻이다. 신에게 앙망하기 전,

자아를 자각한 인간의 삶은 유한하며 신외무물로, 몸이 사라지면 지상에서 이룬 것들도 모두 사라진다. 그래서 육체가 병들지 않게 몸 공부, 물 공부를 하여 불로불사는 못하더라도 무병장수를 누리자는 소망을 담아 글을 마친다.

무병장수 건강 지킴이 세계 최초 초순수 양자파동수

Quantum Ultra Pure Water·개발자 **운강/류덕호**

책을 마무리하면서

희망은 음악 없이도 춤을 추게 하는 유일한 추임새다. 음악도 춤을 추게 하지만, 희망은 오늘보다 내일의 원대한 꿈을 기대하게 하는 것이기 때문에 정신과 감정에서 느껴지는 깊이는 음악의 일시적인 흥과 차원이 다르다.

행복은 태어날 때부터 유전적인 인간의 본능이다. 행복하지 못하면 존재 이유도, 존엄 가치도 없다. 아쉽게도 현실은 누구에게나 참다운 행복은 요원한다. 희망을 이루기 위하여 때로는 이기가 투영되기도 하고, 기만에 마비되기도 한다.

참다운 행복은 요람에서 무덤까지, 태어나면서 죽을 때까지, 몸과 정신에 지속적인 만족을 주는 즐거움의 향연이다. 행복의 향연은 인간 존재의 이유와 가치다.

먹는 물, 지금까지 대부분 카더라 식으로 알고 있었다. 물에 대한 지식이 전문가 수준이 되어야 하는 이유는, 돈으로 살 수 없는 나와 가족의 건강 때문이다. 『물 공부 좀 하자』를 통해 알게 된 먹는 물 초순수는 우리 희망의 화답이다. 지금까지 이런 책은 없었다는 사실에서 감히 세계 최초(Worlds first)라는 말들이 많이 나온다. 세계 최초라는 말의 의미는 무엇일까.

필자는 박사 타이틀은 없지만, 저자 소개에서 밝힌 바와 같이 30년 넘게 수기(水器)를 연구, 설계, 개발하였으며, 현장에서 실물 이론을 겸했고, 발상의 전환을 통해 세계 최초 먹는 물 초순수를 창시 개발, 3년여 보급하며 100% 확신을 갖게 되었다. 초순수 마니아(Mania) 고객 99.9%가 초순수를 이해하고, 사용하면서 좋아진 건강에 박수와 찬사를 보내고 있다는 사실에서 더욱 용기를 가지게 되었다.

먹는 물 초순수가 대한민국을 넘어 세계인의 삶, 가치와 존엄을 더하는 희망, 건강에 수(壽)를 더해 먹어야 할 물이라는 확신에 확신으로 이 글을 쓰게 되어 참으로 행복한 보람이라고 생각한다.

인간의 생각의 힘이 인생관으로 직결되어 있다는 것을 알면, 사고를 보다 다이나믹하게 만들어가는 노력이 필요할 것이다. 과거의 안주가 아닌 달라진 오늘에!

알고 모름에는 차이가 없지만, 그로 인한 행동에서는 크고 작은 결과가 나타난다. 우리는 그 결과를 위해서 배우고 익히는 것이다. 행복한 건강을 위해 『물 공부 좀 하자』에서!

물 공부 좀 하자!

초판 1쇄 인쇄 2022년 05월 04일
초판 1쇄 발행 2022년 05월 11일
지은이 양한수

펴낸이 김양수
책임편집 이정은
편집디자인 권수정
교정교열 임고은

펴낸곳 도서출판 맑은샘
출판등록 제2012-000035
주소 경기도 고양시 일산서구 중앙로 1456(주엽동) 서현프라자 604호
전화 031) 906-5006
팩스 031) 906-5079
홈페이지 www.booksam.kr
블로그 http://blog.naver.com/okbook1234
이메일 okbook1234@naver.com

ISBN 979-11-5778-549-0 (03590)